構　　　成	
教科書の整理	...く整理し，**重要語**句と重要公式をピックアップしています。日常の学習やテスト前の復習に活用してください。 発展的な学習の箇所には **発展** の表示を入れています。
実験・探究 ・やってみようの ガイド	教科書の「**実験**」「**探究**」「**やってみよう**」を行う際の留意点や結果の例，考察に参考となる事項を解説しています。準備やまとめに活用してください。
問・類題のガイド	教科書の問や類題を解く上での重要事項や着眼点を示しています。解答の指針や使う公式は **ポイント** に，解法は **解き方** を参照して，自分で解いてみてください。
章末問題のガイド	問・類題のガイドと同様に，章末問題を解く上での重要事項や着眼点を示しています。

⚠ **ここに注意** … 間違いやすいことや誤解しやすいことの注意を促しています。

🔍 **もっと詳しく** … 解説をさらに詳しく補足しています。

📖 **テストに出る** … 定期テストで問われやすい内容を示しています。

思考力 UP↑ … 実験結果や与えられた問題を考える上でのポイントを示しています。

表現力 UP↑ … グラフや図に表すときのポイントを扱っています。

読解力 UP↑ … 文章の読み取り方のポイントを扱っています。

目 次

序章　物理学で自然を探究しよう

教科書の整理

A 物理学と探究

①**身の回りの疑問や不思議から始まる探究**　物理学を通じて，人々はどのようにして自然を探究し，確かな知識を獲得してきたのであろうか。

　　例えば，水中で管に水を満たし，管の上端を指で塞いで水中から引き上げると，管の中の水が流れ落ちずに残っている。水が流れ落ちると，水面と指の間が真空になってしまうが，水が流れ落ちないので真空は存在しないと考えることができる。アリストテレスも，自然界に真空は存在しないと考えていたとされる。

②**常識をくつがえす仮説と工夫された検証実験**　真空は存在しないという考えのもとでは，ガラス管に水銀を満たしてガラス管を引き上げても，ガラス管の上部に空間が生じることはない。実際には，ガラス管内の水銀がある一定の高さまでしか上がらず，ガラス管の上部に空間が生じることが実験的に確かめられた。

　　仮説はただ１回きりの実験ではなく，多くの場合，論理的に計画された一連の実験や，新たに発明された装置を用いて検証され，批判的・多面的な検討を重ねることによって，真実として人々に受け入れられてきた。

③**体系化された知識と自然探究の方法**　アリストテレスは「軽い物体よりも重い物体のほうが速く落ちる」と考え，空気中での日常的な経験と一致した。ガリレイはこれに疑問をもち，斜面を転がり落ちる球の運動を調べて落下運動の規則性を見いだした。ニュートンは，落下運動のほかにも，力を受ける物体の運動の様子を詳しく調べ，運動に関する法則を数式で表した。科学者は未知の現象に対して常に疑問を抱き，観察や実験を工夫して，論理的思考を積み重ねながら自然法則を見いだしてきた。

B 探究の進め方

①**課題の発見**　不思議に思ったことや疑問に感じたことから課題を見つける。当たり前と思って見過ごしてきた身の回りの事象からも，新しく面白い現象が見つかる可能性がある。課題を設定したら，それに対する答えの予想（仮説）を立てる。

②**課題の探究**　仮説が正しいかどうかを検証する。その際，様々な方法を用いて，見通しをもって研究の計画を立てることが重要である。探究では，結果を得るまでの過程が重要である。実験にあたっては他者が再現できるように実施し，データの処理から自然現象の規則性を見いだすことが重要である。

③**課題の解決**　結果を分析して解釈する。仮説を否定する結果が得られた場合でも，原因を探り，各段階を振り返って実験を繰り返すことが大切である。そこから新たな仮説が生まれることもあり，次の探究につながる。

　　また，探究は報告書を作成し，発表することで締めくくられる。探究を振り返り，グループ内で情報や意見を交換しながら一連の活動を整理する。報告書には，担当者の情報，課題，仮説，準備，方法，結果，考察，感想などの項目を簡潔にまとめる。

C 物理量の測定と扱い方

①**測定値と誤差**　最小目盛りが1mmのものさしの場合，目分量で最小目盛りの$\frac{1}{10}$である0.1mmの位まで読み取る。最小目盛りの桁までの数値は信頼できるが，0.1mmの位の数値は目分量で読み取ったので信頼度が低く，真の値と測定値の間には**誤差**がある。この場合，±0.05mm程度の誤差があると考えなければならない。また，デジタル計器を用いて測定した場合，計器の内部で位の切捨てや四捨五入などの処理が行われており，表示される値のいちばん小さな位に誤差があると考えればよい。

②**有効数字**　最小目盛りが1mmのものさしで0.1mmの位まで目分量で読んで「58.7mm」のように表したとき，7は誤差を含むものの測定で得た意味のある数字なので**有効数字**といい，**有効数字は3桁である**という。「29.0mm」のように，末尾が0であっても省略してはいけない。また，1200mという測定値の場合，どこまでが正確に測定して得られた数値かを明確にするため，有効数字3桁のときは「1.20×10^3 m」と書く。

③**実験データの扱い方**　実験の測定結果は数値であることが多く，表に整理することで見やすくなる。さらに，実験結果から物理量どうしの関係を推定するには，**グラフ**が便利である。グラフを用いると，変化の様子や規則性がよくわかり，測定値以外の点の値を推定できる。

④**グラフの描き方・扱い方**　グラフは変化させた量を横軸に，その結果変化した量を縦軸にとり，測定値を（・）で記してグラフが直線か曲線かを判断する。

　　直線と判断したときは，グラフが原点を通るかも考え，上下に点が同じくらい散らばるように直線を引く。グラフの傾きと切片を読み取ると，グラフを式で表すことができる。

　　曲線の場合はなるべく多くの点や近くを通るように引く。また，座標軸を変えてみることでグラフが直線になり，比例関係を見つけることができないかを探る。

問のガイド 序章

問のガイド

教科書 p.6
問 1
右の図のように，真空ポンプにつないだ容器の中でトリチェリの実験を行う。容器内の空気を取り除くにつれて，どのようなことが起こると予想されるだろうか。

ポイント
空気の重さの圧力による力と，ガラス管内の水銀の重さの圧力による力がつり合って，静止している。

解き方
容器内の空気を取り除くにつれて，空気の重さによる圧力が小さくなっていく。ガラス管内にある水銀の重さによる圧力も小さくなるように，水銀の高さが下がっていく。

🅐 水銀の高さが下がる。

教科書 p.11
問 2
図7の図形の縦の長さ h を，最小目盛りが1mmのものさしを用いて測定しよう。また，有効数字は何桁か答えよ。

ポイント
最小目盛りの $\dfrac{1}{10}$ まで目分量で読み，このときの桁数が有効数字の桁数になる。

解き方
最小目盛りが1mmのものさしを使って，図7の図形の縦の長さを最小目盛りの $\dfrac{1}{10}$ まで目分量で読むと，9.5mmであり，有効数字は2桁である。

🅐 縦の長さ…9.5mm，有効数字…2桁

第1部　物体の運動とエネルギー

第1章　物体の運動

教科書の整理

① 速度

教科書 p.14〜27

A 速さ

①**速さ**　単位時間(例えば 1 秒間)あたりの移動距離。速さの単位にはメートル毎秒(m/s)をよく用いる。

②**平均の速さ**　移動距離を所要時間で割った量。

③**瞬間の速さ**　各時刻における速さ。

B 変位と速度

①**変位**　物体の位置の変化。

②**速度**　物体の速さと運動の向きを合わせた量。直線上の運動では、正負の符号で運動の向きを表す。

③**ベクトル**　速度のように、大きさと向きをもつ量。

④**スカラー**　速さのように、大きさだけをもつ量。

⑤**平均の速度**　単位時間あたりの変位。

■ 重要公式 1-1
$$\bar{v} = \frac{x_2 - x_1}{t_2 - t_1} = \frac{\Delta x}{\Delta t} \qquad \bar{v}：平均の速度 \quad \Delta x：変位 \quad \Delta t：経過時間$$

⑥**瞬間の速度**　平均の速度 $\bar{v} = \dfrac{\Delta x}{\Delta t}$ の Δt を非常に小さくした場合の速度。一般に速度といえば瞬間の速度をさす。

C 等速直線運動

①**等速直線運動**　物体が直線上を一定の速度で進む運動。x-t グラフは原点を通る直線となり、直線の傾きは速度を表す。v-t グラフは t 軸に平行な直線となる。

■ 重要公式 1-2
$$x = vt \qquad x：位置 \quad v：速度 \quad t：時刻$$

⚠ **ここに注意**

途中で運動の向きが変わるとき、変位と移動距離は等しくならない。

⚠ **ここに注意**

ベクトルとスカラーの違いは「向き」の有無。

👀 **もっと詳しく**

等速直線運動でも $t=0$ のとき $x \neq 0$ の場合、x-t グラフは原点を通らない直線となる。

D 速度の合成

①**速度の合成**　物体の速度 v を，2つ以上の速度をもとに求めること。求めた速度を**合成速度**という。

■ 重要公式 1-3
$$v = v_1 + v_2 \qquad v_1,\ v_2：もとになる速度$$

② ▌発展▐**平面内の運動での速度の合成**　$\vec{v_1}$ と $\vec{v_2}$ を合成すると
き，これらを2辺とする平行四辺形の対角線が，合成速度 $\vec{v}$
を表す。

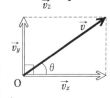

③ ▌発展▐**平面内の運動での速度の分解**　物体の速度 $\vec{v}$ を，2
つ以上の速度に分けて考えること。互いに垂直な2つの方向
の**分速度** $\vec{v_x}$, $\vec{v_y}$ に分けることが多い。

■ 重要公式 1-4
$$v_x = v\cos\theta,\ \ v_y = v\sin\theta,\ \ v = \sqrt{v_x{}^2 + v_y{}^2}$$
$$(\vec{v} = \vec{v_1} + \vec{v_2}\ のとき)\ \ v_x = v_{1x} + v_{2x},\ \ v_y = v_{1y} + v_{2y}$$

E 相対速度

①**相対速度**　運動している観測者Aから見た相手Bの速度 v_{AB}
を，Aに対するBの相対速度という。

■ 重要公式 1-5
$$v_{AB} = v_B - v_A \qquad v_A：観測者Aの速度 \quad v_B：相手Bの速度$$

② ▌発展▐**平面内の運動での相対速度**　ベクトルを用いて考える。

■ 重要公式 1-6
$$\vec{v_{AB}} = \vec{v_B} - \vec{v_A} = \vec{v_B} + (-\vec{v_A})$$

② 加速度

教科書 p.28〜37

A 加速度

①**加速度**　単位時間あたりの速度の変化。加速度の単位にはメートル毎秒毎秒 (m/s^2) をよく用いる。

■ 重要公式 2-1
$$a = \frac{v_2 - v_1}{t_2 - t_1} = \frac{\Delta v}{\Delta t} \quad \begin{array}{l} a：加速度 \quad \Delta v：速度の変化 \\ \Delta t：経過時間 \end{array}$$

⚠ **ここに注意**
加速度の向き
は速度の向き
と逆向きにな
ることがある。

②**加速度の向き**　加速度は大きさと向きをもつベクトル。加速度の向きは速度の変化の向きに等しい。

③**平均の加速度，瞬間の加速度**　平均の速度変化を平均の加速度，各時刻における加速度を瞬間の加速度という。

B 等加速度直線運動

①**等加速度直線運動**　物体が直線上を一定の加速度 a で進む運動。v-t グラフは傾きのある直線（傾きは加速度，縦軸の切片は初速度 v_0），x-t グラフは放物線となる。

■ **重要公式 2-2**

$$v = v_0 + at \qquad x = v_0 t + \frac{1}{2}at^2 \qquad v^2 - v_0^2 = 2ax$$

②**加速度が負の運動**　初速度の向きを正の向きとして，加速度がその逆向きの場合の運動。このとき，物体の速さは時間とともに減少し，0 になった後は負の向きに速さを増しながら進んでいく。

> **もっと詳しく**
> 変位は位置の変化のこと，道のりはその変位の点までたどりつくのに動いた距離のこと。

📝**テストに出る**

v-t グラフと t 軸で囲まれる面積は，進んだ距離を表す。また，v が負の部分の面積は，負の向きに進んだ距離を表す。

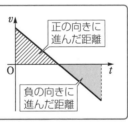
正の向きに進んだ距離
負の向きに進んだ距離

❸ 落体の運動　　教科書 p.38〜48

A 落下運動

①**落体**　落下する物体。鉛直方向に落下する場合や放物線を描いて落下する場合がある。

②**空気抵抗**　空気による物体の運動を妨げるはたらき。落下する物体の形状や大きさによっては，真空中と同じように落下すると考えてよい。

B 自由落下

①**自由落下**　重力だけがはたらいて，初速度 0 で落下する運動。

②**重力加速度**　重力だけがはたらいている物体の加速度。物体の質量によらず一定で，地球上では大きさ $g \fallingdotseq 9.8 \, \mathrm{m/s^2}$。

> **もっと詳しく**
> 重力の方向を鉛直方向という。

■ **重要公式 3-1**

$$v = gt \qquad y = \frac{1}{2}gt^2 \qquad v^2 = 2gy \qquad y : \text{物体の位置}$$

C 鉛直投射

①**鉛直投げおろし**　初速度の大きさ v_0 で物体を鉛直下向きに投げおろした運動。鉛直下向きに大きさ g の加速度で等加速度直線運動をする。鉛直下向きを正として，

■ **重要公式 3-2**

$$v = v_0 + gt \qquad y = v_0 t + \frac{1}{2}gt^2 \qquad v^2 - v_0{}^2 = 2gy$$

②**鉛直投げ上げ**　初速度の大きさ v_0 で物体を鉛直上向きに投げ上げた運動。鉛直下向きに大きさ g の加速度で等加速度直線運動をする。鉛直上向きを正として，

■ **重要公式 3-3**

$$v = v_0 - gt \qquad y = v_0 t - \frac{1}{2}gt^2 \qquad v^2 - v_0{}^2 = -2gy$$

> **⚠ ここに注意**
>
> 鉛直投げ上げでは，鉛直上向きを正の向きとするので，加速度は $-g$ となる。

D 放物運動

①**放物運動**　水平方向や斜め方向に投げ出された物体の運動。水平方向と鉛直方向に分解して考えるとよい。

② 発展 **水平投射**　初速度の大きさ v_0 で物体を水平方向に投げ出したときの運動。水平方向には v_0 で等速度運動を，鉛直方向には自由落下と同じ運動をする。

■ **重要公式 3-4**

$$\begin{cases} v_x = v_0 \\ v_y = gt \end{cases} \qquad v = \sqrt{v_x{}^2 + v_y{}^2} = \sqrt{v_0{}^2 + (gt)^2} \qquad \begin{cases} x = v_0 t \\ y = \frac{1}{2}gt^2 \end{cases}$$

● 水平投射

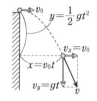

③ 発展 **斜方投射**　初速度の大きさ v_0 で物体を水平方向から斜め上向きに投げ出したときの運動。水平方向には $v_0 \cos\theta$ で等速度運動を，鉛直方向には初速度の大きさ $v_0 \sin\theta$ の鉛直投げ上げと同じ運動をする。

■ **重要公式 3-5**

$$\begin{cases} v_{0x} = v_0 \cos\theta \\ v_{0y} = v_0 \sin\theta \end{cases} \qquad \begin{cases} v_x = v_0 \cos\theta \\ v_y = v_0 \sin\theta - gt \end{cases} \qquad \begin{cases} x = v_0 \cos\theta \cdot t \\ y = v_0 \sin\theta \cdot t - \frac{1}{2}gt^2 \end{cases}$$

● 斜方投射

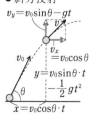

実験・探究・やってみようのガイド

教科書 p.15 やってみよう　**人の運動の分析**

ガイド　記録タイマーが 1 秒間に 50 回打点する場合，例えば，5 打点目ごと$\left(\dfrac{5}{50}\ 秒ごと\right)$に記録テープを区切ってその区間の長さを測る。

結果の例を次に示す。速さは，各区間の記録テープの長さ〔cm〕を時間 $\dfrac{5}{50}$ s で割って求めたもので，各区間の平均の速さである。

表現力UP↑
記録テープの最初の打点が重なっているところは使わず，判別できる打点から数えればよい。

時刻〔s〕	0	$\dfrac{5}{50}$	$\dfrac{10}{50}$	$\dfrac{15}{50}$	$\dfrac{20}{50}$	$\dfrac{25}{50}$	$\dfrac{30}{50}$
長さ〔cm〕		11.34	12.13	12.55	11.90	12.31	12.56
速さ〔cm/s〕		113.4	121.3	125.5	119.0	123.1	125.6

時刻 $0\sim\dfrac{30}{50}$ s での平均の速さを計算すると，121.3 cm/s である。縦軸に速さ v，横軸に時刻 t をとってグラフを描くと，次のようになる。この v-t グラフより，この実験の範囲では歩く速さはほぼ一定といえる。

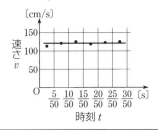

表現力UP↑
x-t グラフも描いて，右上がりのグラフになるか確かめよう。

教科書 p.18 やってみよう　**等速直線運動**

ガイド　CD の穴をラベル面側からセロハンテープを貼って塞ぎ，なめらかな机の上ですべらせたとき，CD は机の面からあまり摩擦力を受けない。そのため，CD は等速直線運動に近い動きをすることになる。

また，ガラスやプラスチックのビーズを箱の底に敷き詰め，その中で硬貨などをすべらせたときにも同様の動きをすることになる。

ビデオカメラで撮影して再生すると，一定の時間間隔でほぼ同じ距離を動いていることがわかりやすい。

教科書 **p.28** 🧪 **探 究** **1. 電車の速度の変化の様子**

｜**処理**｜ グラフに表の値を（・）で記入する。グラフは直線にはならないため，グラフ上の点をなめらかにつなぐ。

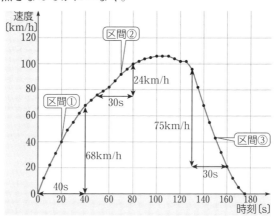

｜**考察**｜ グラフは直線にはならないものの，ほぼ直線にみなせる区間がある。グラフの傾きが加速度に等しいことから，加速度の大きさの大小や正負について考え，電車の運動の変化の様子をとらえる。

　　　グラフの傾きから考えると，区間①は加速度が正で大きく，区間②は加速度が正で区間①よりも小さくなり，区間③は加速度は負であるが，区間①，②よりも大きさは大きいことがわかる。

教科書 **p.32** 🧪 **やって みよう** **斜面をくだる模型自動車の運動の解析**

　　各区間の時刻の中央値と変位から平均の速さを求めると，次のようになる。

時刻の中央値〔s〕	0.1	0.3	0.5	0.7	0.9	1.1	1.3
各区間の変位〔m〕	0.015	0.051	0.077	0.107	0.139	0.166	0.197
平均の速さ〔m/s〕	0.075	0.255	0.385	0.535	0.695	0.830	0.985

v-t グラフは右図のようになる。
v-t グラフの傾きから模型自動車の
加速度 a〔m/s^2〕は，

$$a = \frac{0.985 \text{ m/s} - 0.075 \text{ m/s}}{1.3 \text{ s} - 0.1 \text{ s}}$$

$$≒ 0.76 \text{ m/s}^2$$

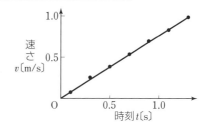

やって みよう　**等加速度直線運動**

記録タイマーが 1 秒間に 50 回打点する場合，例え ば，2 打点ごと$\left(\dfrac{2}{50}\right.$ 秒ごと$\left.\right)$ に記録テープを区切っ てその区間の長さを測る。

台車が斜面をくだるとき，木板の角度 $\theta = 30°$ の 場合の結果の例は次のようになる。速さは，各区間 の記録テープの長さ〔cm〕を時間 $\dfrac{2}{50}$ s で割って求め たもので，各区間の平均の速さである。

表現力UP↑
記録テープの最初の打 点が重なっているとこ ろは使わず，判別でき る打点から数えればよ い。

時刻〔s〕	0	$\dfrac{2}{50}$	$\dfrac{4}{50}$	$\dfrac{6}{50}$	$\dfrac{8}{50}$	$\dfrac{10}{50}$
長さ〔cm〕		1.89	2.64	3.40	4.15	4.91
平均の速さ〔cm/s〕		47.3	66.0	85.0	104	123

x-t グラフ，v-t グラフは次のようになる。v-t グラフを描くとき，平均の 速さを各区間の中央時刻にとる。

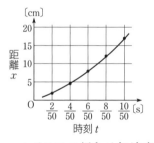
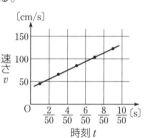

v-t グラフの傾きは加速度を表す。描いた v-t グ ラフの傾き a は一定であることがわかるから，台車 は等加速度直線運動をしたといえる。このときの加 速度の大きさを計算すると，

思考力UP↑
角度 θ を大きくした ときや，台車の質量を 大きくしたときも調べ て，比較してみる。

$$a = \frac{123 \text{ cm/s} - 47.3 \text{ cm/s}}{\dfrac{9}{50} \text{ s} - \dfrac{1}{50} \text{ s}}$$

$$\fallingdotseq 473 \text{ cm/s}^2 = 4.73 \text{ m/s}^2$$

実験・探究・やってみようのガイド 第 1 章

教科書 p.40 🧪 **実 験** ## 1. 重力加速度の測定

ガイド

┃方法┃ おもりは質量の違うものを複数準備するとよい。記録タイマーを用いる方法では，1 秒間に 60 回打点する場合，例えば，2 打点ごと$\left(\dfrac{2}{60}\text{秒ごと}\right)$に記録テープを区切ってその区間の長さを測る。

┃処理┃ 記録タイマーを用いる方法の例を示す。

時刻〔s〕	0		$\dfrac{2}{60}$		$\dfrac{4}{60}$		$\dfrac{6}{60}$		$\dfrac{8}{60}$		$\dfrac{10}{60}$
長さ〔cm〕		1.72		2.79		3.86		4.93		6.00	
平均の速さ〔cm/s〕		51.6		83.7		116		148		180	

v-t グラフは右のようになる。平均の速さを各区間の中央時刻にとって描く。

距離センサーを用いる方法の場合は，自動的に v-t グラフがパソコンの画面に描かれるので，それを読み取ればよい。

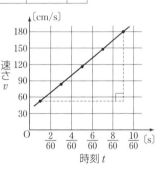

┃考察┃ ① 右の v-t グラフの傾きから重力加速度の大きさ g を求めると，

$$g = \frac{180 \text{ cm/s} - 51.6 \text{ cm/s}}{\dfrac{9}{60}\text{ s} - \dfrac{1}{60}\text{ s}}$$

$$= 963 \text{ cm/s}^2 = 9.63 \text{ m/s}^2$$

となる。これは，既知の値 9.8 m/s² より少し小さい。

質量の大きなおもりを用いると，同様にして求めた重力加速度の大きさは 9.8 m/s² に近づく。これは，おもりの質量が大きくなると，重力が大きくなり，相対的に記録テープの走行抵抗の影響が小さくなるためであると考えられる。

距離センサーを用いる方法では，記録テープを使わないため，同じおもりやボールを用いる場合は，記録タイマーを用いる方法よりも高い精度で重力加速度の大きさを測定できる。

思考力UP↑

重力加速度の大きさが 9.8 m/s² より少し小さくなる原因としては，記録テープの走行抵抗や空気抵抗の影響が考えられる。

② 測定の精度を上げるためには，記録タイマーを用いる方法の場合，空気抵抗や記録テープの走行抵抗の影響を小さくするために，なるべく小さくて質量の大きなおもりを用いるようにすればよい。距離センサーを用いる方法の場合も，空気抵抗の影響を小さくするために，なるべく小さくて質量の大きなボールを用いるようにすればよい。

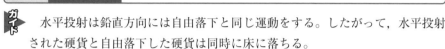

教科書 p.45 🧪 **やってみよう** 水平投射と自由落下

ガイド 水平投射は鉛直方向には自由落下と同じ運動をする。したがって，水平投射された硬貨と自由落下した硬貨は同時に床に落ちる。

同時に落下しない場合は，水平投射したつもりが斜方投射になっていたり，自由落下させたつもりが速度の鉛直成分が 0 でなかったりすると考えられる。このことに注意して再度実験を行ってみる。

問・類題のガイド

教科書 p.15 問 1 A駅を出発した電車が 80 s 後に 1.2 km 離れたB駅に到着した。このときの電車の平均の速さは何 m/s か。また，それは何 km/h か。

ポイント 平均の速さ＝移動距離÷所要時間

解き方 1 km＝1000 m であるから，平均の速さを m/s の単位で表すと，

$$平均の速さ＝\frac{1.2 \times 1000\,\mathrm{m}}{80\,\mathrm{s}}＝15\,\mathrm{m/s}$$

また，1 h＝3600 s であるから，平均の速さを km/h の単位で表すと，

$$平均の速さ＝\frac{1.2\,\mathrm{km}}{\dfrac{80}{3600}\,\mathrm{h}}＝54\,\mathrm{km/h}$$

答 15 m/s，54 km/h

教科書 **p.16**
問 2

x 軸上の $x=2.0$ m の位置にあった物体が x 軸上を運動し，$x=5.0$ m の位置に移動した。この間の物体の変位の大きさは何 m か。また，変位の向きはどちら向きか。

ポイント　変位が正のとき，x 軸の正の向きに変位している。

解き方　物体の変位を $\varDelta x$〔m〕とすると，
$$\varDelta x=5.0 \text{ m}-2.0 \text{ m}=3.0 \text{ m}$$
したがって，変位の大きさは 3.0 m であり，$\varDelta x$ は正なので，x 軸の正の向きに変位している。

答 3.0 m，x 軸の正の向き

教科書 **p.17**
問 3

東西方向の高速道路を，自動車Aは東向きに 20 m/s，自動車Bは西向きに 25 m/s の速さで走っている。東向きを正の向きとして，それぞれの速度を答えよ。

ポイント　直線上の運動では，速度の向きを正・負の符号で表す。

解き方　東向きを正とすると，西向きは負となる。自動車Aは正の向きに進んでいるので 20 m/s（+20 m/s），自動車Bは負の向きに進んでいるので -25 m/s と符号をつける。

答 A…20 m/s（+20 m/s），B…-25 m/s

教科書 **p.17**
問 4

止まっていた自動車が東向きに動き出して，10 s 後には止まっていたところから 50 m，20 s 後には 200 m の位置を走っていた。東向きを正として，動き出して 10 s 後から 20 s 後の間の平均の速度を求めよ。

ポイント　平均の速度＝変位÷経過時間

解き方　東向きを正とすると，変位 $\varDelta x=200 \text{ m}-50 \text{ m}=150 \text{ m}$ であり，経過時間 $\varDelta t=20 \text{ s}-10 \text{ s}=10 \text{ s}$ であるから，
$$平均の速度＝\frac{150 \text{ m}}{10 \text{ s}}=15 \text{ m/s}$$

答 15 m/s

教科書 p.18
問 5

x 軸上を正の向きに一定の速さ 3.0 m/s で運動している物体が，時刻 0 s に原点 O を通過した。時刻 3.0 s，および 5.0 s での物体の位置をそれぞれ求めよ。また，時刻 3.0 s から 5.0 s までの間の物体の変位を求めよ。

ポイント | 等速直線運動の位置 $x=vt$

解き方 時刻 3.0 s の位置を x_1〔m〕，時刻 5.0 s の位置を x_2〔m〕とすると，

$x_1 = 3.0 \text{ m/s} \times 3.0 \text{ s} = 9.0 \text{ m}$

$x_2 = 3.0 \text{ m/s} \times 5.0 \text{ s} = 15 \text{ m}$

時刻 3.0 s から 5.0 s までの変位を Δx〔m〕とすると，

$\Delta x = x_2 - x_1 = 6.0 \text{ m}$

したがって，x 軸の正の向きに 6.0 m 変位している。

答 時刻 3.0 s…9.0 m，時刻 5.0 s…15 m，x 軸の正の向きに 6.0 m

教科書 p.18
問 6

x 軸上を負の向きに一定の速さ 2.0 m/s で運動している物体が，時刻 0 s に $x=4.0$ m の点を通過した。時刻 1.5 s での物体の位置を求めよ。

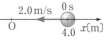

ポイント | 時刻 1.5 s での位置＝時刻 0 s での位置＋1.5 s 間での変位

解き方 x 軸の負の向きに速さ 2.0 m/s で運動している物体の速度は，-2.0 m/s である。物体の時刻 1.5 s での変位を Δx〔m〕とすると，等速直線運動の式より，

$\Delta x = -2.0 \text{ m/s} \times 1.5 \text{ s} = -3.0 \text{ m}$

時刻 0 s で位置 $x=4.0$ m だったので，時刻 1.5 s での位置 x_1〔m〕は，

$x_1 = 4.0 \text{ m} + (-3.0 \text{ m}) = 1.0 \text{ m}$

答 1.0 m

問・類題のガイド　第１章

教科書 p.20
問 7

x軸の原点に物体Aがあり，$x=4.0$ m の位置に物体Bがある。物体Aは x軸の正の向きに 3.0 m/s の速さで，物体Bは x軸の負の向きに 2.0 m/s の速さで同時に動き始めた。動き始めた瞬間の時刻を 0 s とし，AとBは互いに衝突することはないものとして，次の問いに答えよ。

(1) 時刻 t〔s〕における物体 A，B の位置 x_A〔m〕，x_B〔m〕を，t を用いてそれぞれ表せ。

(2) 物体Aと物体Bの運動の様子を，x-t グラフと v-t グラフでそれぞれ表せ。

ポイント　時刻 t〔s〕での位置＝時刻 0 s での位置 ＋t〔s〕間での変位

解き方 (1)　物体Aは $t=0$ s で $x=0$ m にあり，x軸の正の向きに速さ 3.0 m/s（速度 3.0 m/s）の等速直線運動をするので，時刻 t〔s〕での位置 x_A〔m〕は，

$$x_A = 3.0t〔m〕$$

また，物体Bは $t=0$ s で $x=4.0$ m にあり，x軸の負の向きに速さ 2.0 m/s（速度 -2.0 m/s）の等速直線運動をするので，時刻 t〔s〕での位置 x_B〔m〕は，

$$x_B = 4.0 \text{ m} + (-2.0t) = 4.0 \text{ m} - 2.0t〔m〕$$

(2)　(1)の結果を x-t グラフにすると，次のようになる。また，v-t グラフは，物体Aは速度 3.0 m/s，物体Bは速度 -2.0 m/s でともに一定なので，t 軸に平行なグラフになる。

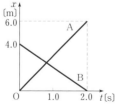 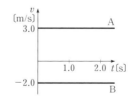

答 (1)　$x_A = 3.0t〔m〕$，$x_B = 4.0 \text{ m} - 2.0t〔m〕$　　(2)　**解き方** の図参照

<table>
<tr><td>教科書
p.20
問 8</td><td>　右の図は，x 軸上を等速直線運動する 3 つの物体 A，B，C の x-t グラフである。A，B，C は互いに衝突することなく，すれ違うことができるものとして，次の問いに答えよ。</td></tr>
</table>

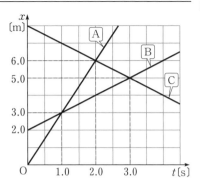

(1) A，B，C の v-t グラフをそれぞれ描け。

(2) 時刻 t〔s〕における A，B，C の位置 x_A〔m〕，x_B〔m〕，x_C〔m〕を，それぞれ t を用いて表せ。

(3) B と C がすれ違うのはいつか。

ポイント　x-t グラフから数値を読み取って式をつくる。

解き方　(1) 物体 A，B，C の x-t グラフの傾きはすべて一定なので，すべて等速直線運動である。物体 A，B，C の速度をそれぞれ v_A〔m/s〕，v_B〔m/s〕，v_C〔m/s〕とすると，x-t グラフの傾きより，

$$v_A = \frac{6.0 \text{ m} - 0 \text{ m}}{2.0 \text{ s} - 0 \text{ s}} = 3.0 \text{ m/s}$$

$$v_B = \frac{5.0 \text{ m} - 2.0 \text{ m}}{3.0 \text{ s} - 0 \text{ s}} = 1.0 \text{ m/s}$$

$$v_C = \frac{5.0 \text{ m} - 6.0 \text{ m}}{3.0 \text{ s} - 2.0 \text{ s}} = -1.0 \text{ m/s}$$

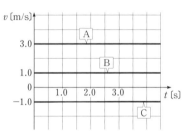

よって，グラフは右図のようになる。

(2) x-t グラフより，時刻 $t=0$ s に物体 A，B，C はそれぞれ $x=0$ m，$x=2.0$ m，$x=8.0$ m にあるので，(1)の結果を用いて，

$x_A = 3.0t$〔m〕，$x_B = 2.0 \text{ m} + 1.0t$〔m〕，$x_C = 8.0 \text{ m} - 1.0t$〔m〕

(3) $x_B = x_C$ のとき，B と C がすれ違うので，

$2.0 \text{ m} + 1.0t = 8.0 \text{ m} - 1.0t$　　よって，$t=3.0$ s

答(1) **解き方** の図参照　(2) $x_A = 3.0t$〔m〕，$x_B = 2.0 \text{ m} + 1.0t$〔m〕，$x_C = 8.0 \text{ m} - 1.0t$〔m〕　(3) **3.0 s**

教科書 p.21 問 9　流れのない水に対して 5.0 m/s の速さで進む船がある。この船が，地面に対して 2.0 m/s の速さで流れる川を，(1)のように川下に向かって進む場合の船の速度はどちら向きに何 m/s か。また，同じ船が(2)のように川上に向かって進む場合の船の速度はどちら向きに何 m/s か。

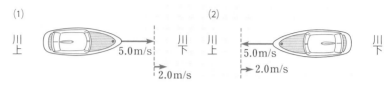

> **ポイント**　速度の合成　$v = v_1 + v_2$

> **解き方**　(1)　船が川下に向かって進む場合，川下に向かう向きを正とすると，船の速度 v [m/s] は，
>
> $$v = 5.0 \text{ m/s} + 2.0 \text{ m/s} = 7.0 \text{ m/s}$$
>
> (2)　船が川上に向かって進む場合，川上に向かう向きを正とすると，船の速度 v' [m/s] は，
>
> $$v' = 5.0 \text{ m/s} - 2.0 \text{ m/s} = 3.0 \text{ m/s}$$

答 (1)　川下に向かって **7.0 m/s**　　(2)　川上に向かって **3.0 m/s**

教科書 p.21 問 10　ある速さで流れる川を，地面から見て 3.0 m/s の速さで川上に向かって進む船がある。この船が進む向きを変えて川下に向かって進むと，地面から見て 6.0 m/s の速さであった。この川の流れの速さは何 m/s か。

> **ポイント**　速度の合成　$v = v_1 + v_2$

> **解き方**　川の流れの速さを v [m/s]，川の流れがないときの船の速さを V [m/s] とする。船が川下から川上，川上から川下へ向かうとき，川下から川上を正として，それぞれ速度を合成すると，
>
> $$V + (-v) = 3.0 \text{ m/s} \quad \cdots\cdots ①$$
> $$-V + (-v) = -6.0 \text{ m/s} \quad \cdots\cdots ②$$
>
> 式①＋②より，$-2v = -3.0 \text{ m/s}$
>
> よって，$v = 1.5 \text{ m/s}$

答 **1.5 m/s**

教科書 p.23 問 i
　流れのない水に対して 5.0 m/s の速さで進む船で，地面に対して 3.0 m/s の速さで流れる川を流れに垂直な方向に横切る。このとき，流れに垂直な方向に船が進む速さは何 m/s か。また，図の角 θ を三角関数表(教科書 p.259)で調べて答えよ。

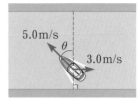

ポイント　平行四辺形の法則　→　対角線が合成速度を表す

解き方　川の流れに垂直な方向に横切るので，船は川の流れの方向に対しては静止していることから，

$$5.0 \text{ m/s} \times \sin\theta = 3.0 \text{ m/s}$$

よって，$\sin\theta = 0.6$

教科書 p.259 の三角関数表より，$\theta \fallingdotseq 37°$

ゆえに，流れに垂直な方向の船の速度の大きさ(速さ)は，

$$5.0 \text{ m/s} \times \cos 37° = 3.99\cdots\text{m/s} \fallingdotseq 4.0 \text{ m/s}$$

答 4.0 m/s，37°

教科書 p.25 類題 1
　北向きに 80 km/h の速さで進む電車Aから見ると，電車Bは南向きに 30 km/h の速さで進むように見えた。電車Bの速さと向きを求めよ。

ポイント　Aに対するBの相対速度　$v_{AB} = v_B - v_A$

解き方　北向きを正として，A，Bの速度を v_A，v_B，Aに対するBの相対速度を v_{AB} とする。$v_A = 80$ km/h，$v_{AB} = -30$ km/h，$v_{AB} = v_B - v_A$ より，

$$-30 \text{ km/h} = v_B - 80 \text{ km/h} \quad よって，v_B = 50 \text{ km/h}$$

答 北向きに 50 km/h

教科書 p.27 類題 i
　北風(北から南に吹く風)の中を，Aさんが自転車で西向きに 5.0 m/s で走ったところ，風がちょうど北西から吹いているように感じた。地面に対する風の速さは何 m/s か。また，Aさんに対する風の速さは何 m/s か。

ポイント　速度のベクトルを作図する。

解き方　Aさんの速度を $\vec{v_A}$，風の速度を $\vec{v_B}$，Aさんに対する風の速度を $\vec{v_{AB}}$ とすると，$\vec{v_{AB}}=\vec{v_B}-\vec{v_A}$ であり，風がちょうど北西から吹いてくるように感じたので，図のようになる。$|\vec{v_A}|=5.0\,\text{m/s}$ なので，

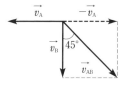

$$|\vec{v_B}|=|\vec{v_A}|=5.0\,\text{m/s}$$

$$|\vec{v_{AB}}|=\frac{|\vec{v_B}|}{\cos 45^\circ}≒5.0\,\text{m/s}×1.41=7.05\,\text{m/s}≒7.1\,\text{m/s}$$

答 5.0 m/s，7.1 m/s

教科書 p.27
類題 ⅱ　船Aは北向きに 10 m/s の速さで進み，船Bは西向きに 10 m/s の速さで進んでいる。船Aから見た船Bは，どちら向きに何 m/s の速さで進んでいるように見えるか。

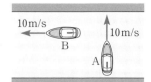

ポイント　速度のベクトルを作図する。

解き方　船Aの速度を $\vec{v_A}$，船Bの速度を $\vec{v_B}$，船Aから見た船Bの速度を $\vec{v_{AB}}$ とすると，$\vec{v_{AB}}=\vec{v_B}-\vec{v_A}$ なので図のようになる。したがって，$\vec{v_{AB}}$ は南西向きで，

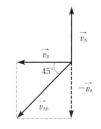

$$|\vec{v_{AB}}|=\frac{|\vec{v_B}|}{\cos 45^\circ}≒10\,\text{m/s}×1.41≒14\,\text{m/s}$$

答 南西向きに 14 m/s

教科書 p.31
問 11　自動車Aは，動き始めて 6.0 s 後に 12 m/s の速さになった。また，8 m/s の速さで進んでいた自動車Bは，加速して 8.0 s 後に 20 m/s の速さになった。AとBの加速度の大きさはそれぞれ何 m/s^2 か。

ポイント　加速度＝速度の変化÷経過時間

解き方　Aの加速度の大きさを $a_A[\text{m/s}^2]$ とすると，

$$a_A=\frac{12\,\text{m/s}-0\,\text{m/s}}{6.0\,\text{s}}=2.0\,\text{m/s}^2$$

また，Bの加速度の大きさを $a_B[\text{m/s}^2]$ とすると，

$$a_B=\frac{20\,\text{m/s}-8\,\text{m/s}}{8.0\,\text{s}}=1.5\,\text{m/s}^2$$

答 A…2.0 m/s²，B…1.5 m/s²

教科書 p.31 問 12　x 軸上を運動する物体の速度が，時刻 1.0 s には 6.0 m/s，時刻 3.0 s には 1.0 m/s であった。時刻 1.0 s から 3.0 s の間の平均の加速度は，どちら向きに何 m/s² か。

ポイント　加速度＝速度の変化÷経過時間

解き方　求める平均の加速度を a〔m/s²〕とすると，

$$a=\frac{1.0\ \text{m/s}-6.0\ \text{m/s}}{3.0\ \text{s}-1.0\ \text{s}}=\frac{-5.0\ \text{m/s}}{2.0\ \text{s}}=-2.5\ \text{m/s}^2$$

答 x 軸の負の向きに 2.5 m/s²

教科書 p.32 問 13　東向きに速さ 10 m/s で進んでいた自動車が一定の加速度で速さを増し，5.0 s 後に東向きに 20 m/s の速さになった。このときの自動車の加速度はどちら向きに何 m/s² か。

ポイント　加速度＝速度の変化÷経過時間

解き方　東向きを正とし，自動車の加速度を a〔m/s²〕とすると，

$$a=\frac{20\ \text{m/s}-10\ \text{m/s}}{5.0\ \text{s}}=2.0\ \text{m/s}^2$$

答 東向きに 2.0 m/s²

教科書 p.33 問 14　速さ 10 m/s で進んでいた自動車が，3.0 m/s² の一定の加速度で速さを増しながら 4.0 s 間進んだ。この間に自動車は何 m 進んだか。

ポイント　等加速度直線運動の式　$x=v_0t+\dfrac{1}{2}at^2$

解き方　自動車が進んだ距離を x〔m〕とすると，等加速度直線運動をしているので，「$x=v_0t+\dfrac{1}{2}at^2$」より，

$$x=10\ \text{m/s}\times4.0\ \text{s}+\frac{1}{2}\times3.0\ \text{m/s}^2\times(4.0\ \text{s})^2=64\ \text{m}$$

答 64 m

教科書 p.34 問 15　停止していたリニアモーターカーが直線軌道上を一定の大きさの加速度で走り出し，1.0×10^2 s 間に 7.0 km 走って最高速度に達した。最高速度に達するまでの加速度の大きさはいくらか。また，最高速度の大きさはいくらか。

ポイント　初め静止しているので，等加速度直線運動の式で $v_0 = 0$

解き方　進行する向きを正，リニアモーターカーの一定の加速度を a〔m/s²〕とする。「$x = v_0 t + \dfrac{1}{2} at^2$」より，

$$7.0 \times 10^3 \text{ m} = 0 \text{ m/s} \times 1.0 \times 10^2 \text{ s} + \frac{1}{2} \times a \times (1.0 \times 10^2 \text{ s})^2$$

よって，$a = \dfrac{2 \times 7.0 \times 10^3 \text{ m}}{1.0 \times 10^4 \text{ s}^2} = 1.4 \text{ m/s}^2$

また，最高速度を v〔m/s〕とすると，「$v = v_0 + at$」より，

$v = 0 \text{ m/s} + 1.4 \text{ m/s}^2 \times 1.0 \times 10^2 \text{ s} = 1.4 \times 10^2 \text{ m/s}$

答 1.4 m/s^2，$1.4 \times 10^2 \text{ m/s}$

教科書 p.34 類題 2　例題2の小球 A，B の運動について，次の問いに答えよ。
(1)　$0 \leqq t \leqq 20$ s の間で，A と B との間の距離が最も大きくなるのはいつか。
(2)　A，B の運動を表す x-t グラフをそれぞれ描け。

ポイント　等加速度直線運動の式 $x = v_0 t + \dfrac{1}{2} at^2$

解き方　(1)　小球 B の速度が小球 A の速度より小さいと A と B との間の距離は大きくなっていき，B の速度が A の速度より大きくなると A と B との間の距離は小さくなっていく。v-t グラフより，A と B の速度が等しくなる $t = 10$ s のときに A と B との間の距離が最も大きくなる。

(2)　A は速度 5.0 m/s の等速直線運動をするので，時刻 t〔s〕での位置を x_A〔m〕とすると，

$$x_A = 5.0t \text{〔m〕}$$

Bは初速度 0 m/s より，加速度を a_B〔m/s²〕とすると v-t グラフから，

$$a_B = \frac{5.0 \text{ m/s}}{10 \text{ s}} = 0.50 \text{ m/s}^2$$

時刻 t〔s〕でのBの位置を x_B〔m〕とすると，

$$x_B = \frac{1}{2}a_B t^2 = 0.25t^2 \text{〔m〕}$$

したがって，x-t グラフは図のようになる。

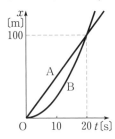

答(1)　**10 s**　　(2)　**解き方**の図参照

教科書
p.35
問 16　20 m/s の速さで直線軌道を走っていた列車が，ブレーキをかけて一定の加速度で減速し，400 m 進んだところで停止した。この列車の加速度の向きと大きさを求めよ。また，ブレーキをかけ始めてから停止するまでの時間を求めよ。

ポイント　等加速度直線運動の式　$v^2 - v_0^2 = 2ax$

解き方　初めに列車が進んでいた向きを正とし，列車の加速度を a〔m/s²〕とする。列車は等加速度直線運動をしているので，「$v^2 - v_0^2 = 2ax$」より，

$$(0 \text{ m/s})^2 - (20 \text{ m/s})^2 = 2a \times 400 \text{ m}$$

よって，$a = \dfrac{-(20 \text{ m/s})^2}{2 \times 400 \text{ m}} = -0.50 \text{ m/s}^2$

ブレーキをかけ始めてから停止するまでの時間を t〔s〕とすると，
「$v = v_0 + at$」より，

$$0 \text{ m/s} = 20 \text{ m/s} - 0.50 \text{ m/s}^2 \times t$$

よって，$t = \dfrac{20 \text{ m/s}}{0.50 \text{ m/s}^2} = 40 \text{ s}$

別解　「$x = v_0 t + \dfrac{1}{2}at^2$」より，

$$400 \text{ m} = 20 \text{ m/s} \times t + \frac{1}{2} \times (-0.50 \text{ m/s}^2) \times t^2$$

よって，$t^2 - 80t + 1600 = 0$ だから，$t = 40 \text{ s}$

答進む向きと逆向きに **0.50 m/s²，40 s**

教科書
p.36
問 17

時刻 0 s になめらかな斜面に沿って上向きに速さ 2.0 m/s で小球を打ち出したところ，斜面に沿って下向きに大きさ 2.5 m/s² の加速度で等加速度直線運動をして，元の位置に戻った。打ち出した位置から最も離れたときの時刻と，元の位置に戻ったときの時刻をそれぞれ求めよ。

ポイント　最も離れたときは，$v=0$
元の位置に戻ったときは，$v=-v_0$

解き方　斜面に沿って上向きを正とすると，初速度 $v_0=2.0$ m/s，加速度 $a=-2.5$ m/s² である。時刻 t〔s〕での小球の速度を v〔m/s〕とすると，

$v=v_0+at$

最も離れたときは $v=0$ m/s になるので，

$$0 \text{ m/s} = v_0+at \qquad \text{よって，} \quad t=-\frac{v_0}{a}=-\frac{2.0 \text{ m/s}}{-2.5 \text{ m/s}^2}=0.80 \text{ s}$$

一方，元の位置に戻ったときは $v=-v_0$ になるので，

$$-v_0=v_0+at \qquad \text{よって，} \quad t=-\frac{2v_0}{a}=-\frac{2\times2.0 \text{ m/s}}{-2.5 \text{ m/s}^2}=1.6 \text{ s}$$

答 最も離れたとき…0.80 s，元の位置に戻ったとき…1.6 s

教科書
p.37
類題 3

例題 3 の小球の運動について，次の問いに答えよ。
(1) 小球が再び x 軸上の原点Oを通過する時刻と，そのときの速度を求めよ。
(2) 時刻 0 s から 6.0 s までの v-t グラフと x-t グラフをそれぞれ描け。

ポイント　x 軸上の原点を通過する時刻は，$x=0$ となる時刻。

解き方 (1) $v_0=0.60$ m/s，$a=-0.20$ m/s² である。小球が再び x 軸上の原点O を通過する時刻を t〔s〕とすると，時刻 t〔s〕に $x=0$ m であるから，

「$x=v_0t+\dfrac{1}{2}at^2$」より，

$$0 \text{ m}=0.60 \text{ m/s}\times t+\frac{1}{2}\times(-0.20 \text{ m/s}^2)\times t^2$$

$$(0.60-0.10\times t)\times t=0$$

$t\neq0$ s より，$0.60-0.10\times t=0$

よって，$t=6.0$ s

このときの物体の速度を v [m/s] とすると，「$v=v_0+at$」より，

$v=0.60$ m/s -0.20 m/s$^2 \times 6.0$ s $=-0.60$ m/s

(2) 小球は等加速度直線運動をしているので，v-t グラフは傾き一定の直線となる。$t=0$ s に $v=0.60$ m/s，(1)より，$t=6.0$ s に $v=-0.60$ m/s であり，これらを結んだ直線が求める v-t グラフとなる。

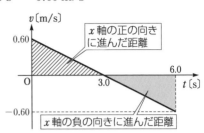

また，時刻 t [s] での位置 x [m] は，「$x=v_0t+\dfrac{1}{2}at^2$」より，

$$x=0.60t-0.10t^2$$
$$=-0.10(t^2-6.0t)$$
$$=-0.10(t-3.0)^2+0.90 \text{[m]}$$

よって，x-t グラフは図のようになる。

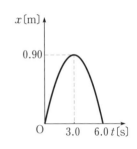

答(1)　6.0 s，-0.60 m/s　　(2)　解き方 の図参照

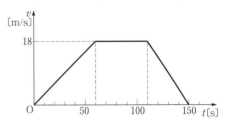

教科書 **p.37** 問 **18**　　右の図は，ある列車がA駅を出発してからB駅に到着するまでの v-t グラフである。この列車がA駅を出発してからB駅に到着するまでの列車の加速度 a と位置 x の時間変化を表すグラフをそれぞれ描け。

ポイント　　v-t グラフと t 軸で囲まれた面積は，移動距離を表す。

解き方 列車の加速度 $a \, [\mathrm{m/s^2}]$ を求める。

$t = 0 \sim 60 \, \mathrm{s}$ では，$a = \dfrac{18 \, \mathrm{m/s} - 0 \, \mathrm{m/s}}{60 \, \mathrm{s} - 0 \, \mathrm{s}} = 0.30 \, \mathrm{m/s^2}$

$t = 60 \sim 110 \, \mathrm{s}$ では，

$\quad a = \dfrac{18 \, \mathrm{m/s} - 18 \, \mathrm{m/s}}{110 \, \mathrm{s} - 60 \, \mathrm{s}}$

$\quad = 0 \, \mathrm{m/s^2}$

$t = 110 \sim 150 \, \mathrm{s}$ では，

$\quad a = \dfrac{0 \, \mathrm{m/s} - 18 \, \mathrm{m/s}}{150 \, \mathrm{s} - 110 \, \mathrm{s}}$

$\quad = -0.45 \, \mathrm{m/s^2}$

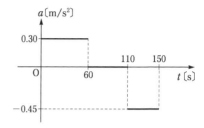

よって，a-t グラフは図のようになる。

次に，x-t グラフについて考える。

$t = 0 \sim 60 \, \mathrm{s}$ では，列車は加速度が $0.30 \, \mathrm{m/s^2}$ の等加速度直線運動をしているので，x-t グラフは下に凸の放物線になる。また，この間の移動距離は，グラフの面積より，

思考力 UP↑

v-t グラフと t 軸に囲まれた面積は移動距離を表す。

$\quad \dfrac{1}{2} \times 60 \, \mathrm{s} \times 18 \, \mathrm{m/s} = 540 \, \mathrm{m}$

$t = 60 \sim 110 \, \mathrm{s}$ では，列車は等速直線運動をしているので，x-t グラフは直線になる。この間の移動距離は，グラフの面積より，

$\quad 50 \, \mathrm{s} \times 18 \, \mathrm{m/s} = 900 \, \mathrm{m}$

なので，$t = 110 \, \mathrm{s}$ での列車の位置は，$x = 540 \, \mathrm{m} + 900 \, \mathrm{m} = 1440 \, \mathrm{m}$ である。

$t = 110 \sim 150 \, \mathrm{s}$ では，列車は加速度が $-0.45 \, \mathrm{m/s^2}$ の等加速度直線運動をしているので，x-t グラフは上に凸の放物線になる。また，この間の移動距離は，グラフの面積より，

$\quad \dfrac{1}{2} \times 40 \, \mathrm{s} \times 18 \, \mathrm{m/s} = 360 \, \mathrm{m}$

なので，$t = 150 \, \mathrm{s}$ での列車の位置は，

$x = 1440 \, \mathrm{m} + 360 \, \mathrm{m} = 1800 \, \mathrm{m}$ である。

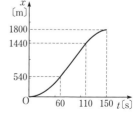

よって，x-t グラフは図のようになる。

答 解き方 の図参照

教科書 p.39　問 19

水面より高さ 4.9 m のところから，小石を静かにはなした。小石が水面に達するまでの時間と，水面に達する直前の小石の速さを求めよ。ただし，重力加速度の大きさを 9.8 m/s² とする。

ポイント

自由落下の式　$v=gt,\ y=\dfrac{1}{2}gt^2$

解き方　小石が水面に達するまでの時間を t〔s〕とすると，「$y=\dfrac{1}{2}gt^2$」より，

$$4.9\,\text{m}=\frac{1}{2}\times9.8\,\text{m/s}^2\times t^2 \qquad t^2=\frac{2\times4.9\,\text{m}}{9.8\,\text{m/s}^2}=1.0\,\text{s}^2$$

$t>0$ より，$t=1.0\,\text{s}$

水面に達する直前の小石の速さを v〔m/s〕とすると，「$v=gt$」より，

$v=9.8\,\text{m/s}^2\times1.0\,\text{s}=9.8\,\text{m/s}$

別解　「$v^2=2gy$」より，

$v^2=2\times9.8\,\text{m/s}^2\times4.9\,\text{m}$　　　よって，$v=9.8\,\text{m/s}$

答 1.0 s，9.8 m/s

教科書 p.41　問 20

橋の上から小石を初速度の大きさ 5.0 m/s で鉛直下向きに投げおろしたところ，2.0 s 後に水面に達した。重力加速度の大きさを 9.8 m/s² として，次の問いに答えよ。

(1)　水面に達する直前の小石の速さを求めよ。

(2)　投げおろした位置の水面からの高さを求めよ。

ポイント

鉛直投げおろしの式　$v=v_0+gt,\ y=v_0t+\dfrac{1}{2}gt^2$

解き方　(1)　水面に達する直前の小石の速さを v〔m/s〕とすると，

「$v=v_0+gt$」より，

$\qquad v=5.0\,\text{m/s}+9.8\,\text{m/s}^2\times2.0\,\text{s}=24.6\,\text{m/s}≒25\,\text{m/s}$

(2)　投げおろした位置の水面からの高さを y〔m〕とすると，

「$y=v_0t+\dfrac{1}{2}gt^2$」より，

$$y=5.0\,\text{m/s}\times2.0\,\text{s}+\frac{1}{2}\times9.8\,\text{m/s}^2\times(2.0\,\text{s})^2=29.6\,\text{m}≒30\,\text{m}$$

別解 「$v^2 - v_0^2 = 2gy$」より，

$$(24.6 \text{ m/s})^2 - (5.0 \text{ m/s})^2 = 2 \times 9.8 \text{ m/s}^2 \times y$$

$$(24.6 \text{ m/s} + 5.0 \text{ m/s})(24.6 \text{ m/s} - 5.0 \text{ m/s}) = 2 \times 9.8 \text{ m/s}^2 \times y$$

よって，$y \fallingdotseq 30$ m

答(1)　**25 m/s**　　(2)　**30 m**

教科書 **p.41**　**問 21**

橋の上から物体Aを自由落下させ，その 1.0 s 後に同じ位置から物体Bを鉛直下向きに速さ 14.7 m/s で投げおろしたところ，A と B は同時に水面に達した。重力加速度の大きさを 9.8 m/s^2 として，次の問いに答えよ。

(1)　Bを投げおろしてから水面に達するまでの時間は何 s か。

(2)　Bを投げおろした時刻を $t=0$ s として，A，B それぞれの v-t グラフを描け。

ポイント

> **鉛直投げおろしの式**　$v = v_0 + gt$，$y = v_0 t + \dfrac{1}{2} gt^2$

解き方(1)　Bが水面に達するまでの時間を t〔s〕とすると，A が水面に達するまでにかかった時間は $t + 1.0$〔s〕と表すことができる。また，A，B は同じ位置から落としたので，水面に達するまでの距離は等しい。よって，

$$\frac{1}{2} \times 9.8 \text{ m/s}^2 \times (t + 1.0 \text{ s})^2 = 14.7 \text{ m/s} \times t + \frac{1}{2} \times 9.8 \text{ m/s}^2 \times t^2$$

したがって，$t = 1.0$ s

(2)　下向きを正として，時刻 t〔s〕での A，B の速度をそれぞれ v_A〔m/s〕，v_B〔m/s〕とすると，

$$v_A = 9.8 \text{ m/s}^2 \times (t + 1.0 \text{ s})$$
$$= 9.8 \text{ m/s}^2 \times t + 9.8 \text{ m/s}$$
$$v_B = 14.7 \text{ m/s} + 9.8 \text{ m/s}^2 \times t$$

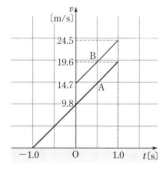

A と B が水面に達するときの速度をそれぞれ $v_A{}'$〔m/s〕，$v_B{}'$〔m/s〕とすると，(1) より $t = 1.0$ s を代入して，

$$v_A{}' = 9.8 \text{ m/s}^2 \times 1.0 \text{ s} + 9.8 \text{ m/s} = 19.6 \text{ m/s}$$
$$v_B{}' = 14.7 \text{ m/s} + 9.8 \text{ m/s}^2 \times 1.0 \text{ s} = 24.5 \text{ m/s}$$

グラフは図のようになる。

答(1)　**1.0 s**　　(2)　**解き方** の図参照

教科書 p.44
類題 4

時刻 $t=0$ s に鉛直上向きに初速度の大きさ $v_0=4.9$ m/s で物体を投げ上げた。鉛直上向きを正として，次の問いに答えよ。ただし，重力加速度の大きさを 9.8 m/s^2 とする。

(1) 時刻 t における物体の速度 v を，v-t グラフに表せ。

(2) 物体が初めの位置に戻るのはいつか。また，そのときの物体の速度を求めよ。

(3) 投げ上げてから 0.30 s 後と同じ高さを物体が通過したのはいつか。

ポイント

鉛直投げ上げの式　$v=v_0-gt,\ y=v_0t-\dfrac{1}{2}gt^2$

解き方 (1) 鉛直上向きを正として，「$v=v_0-gt$」より，
$$v=4.9\text{ m/s}-9.8\text{ m/s}^2\times t$$
v-t グラフは図のようになる。

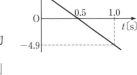

(2) 初めの位置に戻る時刻を t〔s〕とすると，初めの位置は $y=0$ m なので，「$y=v_0t-\dfrac{1}{2}gt^2$」より，

$$0\text{ m}=4.9\text{ m/s}\times t-\dfrac{1}{2}\times9.8\text{ m/s}^2\times t^2$$

$t\neq0$ s より，$0=4.9-\dfrac{1}{2}\times9.8\times t$　　よって，$t=1.0$ s

また，初めの位置に戻るときの速度を v〔m/s〕とすると，「$v=v_0-gt$」より，

$$v=4.9\text{ m/s}-9.8\text{ m/s}^2\times1.0\text{ s}=-4.9\text{ m/s}$$

(3) 投げ上げてから 0.30 s 後の高さ y〔m〕は，「$y=v_0t-\dfrac{1}{2}gt^2$」より，

$$y=4.9\text{ m/s}\times0.30\text{ s}-\dfrac{1}{2}\times9.8\text{ m/s}^2\times(0.30\text{ s})^2=1.029\text{ m}$$

0.30 s 後と同じ高さを通過したのが t'〔s〕後とすると，

$$4.9t'-\dfrac{1}{2}\times9.8t'^2=1.029$$

$$100t'^2-100t'+21=0$$

$$(10t'-3)(10t'-7)=0$$

$t'\neq0.30$ s より，$t'=0.70$ s

答 (1) **解き方** の図参照　　(2) **1.0 s，鉛直下向きに 4.9 m/s**　　(3) **0.70 s**

教科書
p.44
問 22

　時刻 $t=0$ s に地上の点Pから，鉛直上向きに初速度の大きさ v_0〔m/s〕で物体Aを投げ上げるのと同時に，ある高さの点Qから物体Bを自由落下させた。鉛直上向きを正として，時刻 t における物体A，Bの速度 v_A，v_B を，それぞれ v-t グラフに表せ。

物体B
Q
v_0
P
物体A

ポイント　**鉛直投げ上げの式　$v=v_0-gt$，自由落下の式　$v=gt$**

解き方　物体Aは鉛直投げ上げなので，重力加速度の大きさを g として，「$v=v_0-gt$」より，

$v_A=v_0-gt$

したがって，右下がりの直線になる。

　また，物体Bは自由落下なので，「$v=gt$」より，鉛直上向きを正とすることに注意して，

$v_B=-gt$

したがって，原点を通り，Aのグラフに平行な直線になる。

（グラフ：v〔m/s〕縦軸に v_0，$-v_0$，$-2v_0$，横軸 t〔s〕に $\dfrac{v_0}{g}$，$\dfrac{2v_0}{g}$。直線A，直線B）

答　解き方の図参照

教科書
p.46
類題 i

　水平な床からの高さが同じ点から，物体Aと物体Bをそれぞれ 2.0 m/s，5.0 m/s の速さで同時に水平に投げ出したところ，Aは投げ出した点の真下から 1.2 m 離れた位置に落下した。Bは投げ出した点の真下から何 m 離れた位置に落下したか。

ポイント　**水平投射では，水平方向には等速度運動をする。**

解き方　物体Aを投げ出してから床に達するまでの時間を t〔s〕とすると，水平投射の水平方向の運動は，「$x=v_0t$」より，

1.2 m$=2.0$ m/s$\times t$　　　よって，$t=0.60$ s

　A，Bは同じ高さから水平投射されたので，投げ出されてから床に達するまでの時間は等しい。Bを投げ出した点の真下から x〔m〕離れた位置に落下したとすると，「$x=v_0t$」より，

$x=5.0$ m/s$\times0.60$ s$=3.0$ m

答 3.0 m

<table>
<tr><td>教科書
p.48
類題 ii</td><td>高さ 9.8 m の点から，仰角 30° の向きに 9.8
m/s の速さで小球を投げ出した。重力加速度の
大きさを 9.8 m/s² として，次の問いに答えよ。</td></tr>
</table>

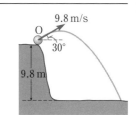

(1)　最高点の地面からの高さは何 m か。

(2)　地面に達するのは投げ出してから何 s 後か。

(3)　地面に達するまでに水平方向に移動する距
離は何 m か。

ポイント

> 水平方向には，速度の大きさ $v_0 \cos\theta$ の等速度運動
> 鉛直方向には，初速度の大きさ $v_0 \sin\theta$ の鉛直投げ上げ
> 最高点では，鉛直方向の速度は 0

解き方　(1)　小球が最高点に達する時刻を t_1〔s〕とすると，
このときの速度の鉛直方向の成分 $v_y = 0$ m/s
であることから，「$v_y = v_0 \sin\theta - gt$」より，

思考力UP↑

小球は斜方投射された
ので，水平方向には等
速度運動を，鉛直方向
には鉛直投げ上げと同
じ運動をする。

0 m/s $= 9.8$ m/s $\times \sin 30° - 9.8$ m/s² $\times t_1$

よって，$t_1 = 0.50$ s

放物運動の最高点の高さを H〔m〕とすると，

「$y = v_0 \sin\theta \cdot t - \dfrac{1}{2}gt^2$」より，

$$H = 9.8 \text{ m} + 9.8 \text{ m/s} \times \sin 30° \times 0.50 \text{ s} - \frac{1}{2} \times 9.8 \text{ m/s}^2 \times (0.50 \text{ s})^2$$

$$= 11.025 \text{ m} \fallingdotseq 11.0 \text{ m}$$

(2)　地面に到達したときの変位 $y = 0$ m であるから，地面に達するまで
の時間を t_2〔s〕とすると，

$$0 \text{ m} = 9.8 \text{ m} + 9.8 \text{ m/s} \times \sin 30° \times t_2 - \frac{1}{2} \times 9.8 \text{ m/s}^2 \times t_2^2$$

$$t_2^2 - t_2 - 2.0 = 0$$

$$(t_2 + 1.0)(t_2 - 2.0) = 0 \qquad t_2 > 0 \text{ s より，} t_2 = 2.0 \text{ s}$$

(3)　投げ出されてから 2.0 s 後までに水平方向に移動した距離を x〔m〕と

すると，「$x = v_0 \cos\theta \cdot t$」，$\cos 30° = \dfrac{\sqrt{3}}{2} \fallingdotseq \dfrac{1.73}{2}$ より，

$$x = 9.8 \text{ m/s} \times \cos 30° \times 2.0 \text{ s} = 9.8 \text{ m/s} \times \frac{\sqrt{3}}{2} \times 2.0 \text{ s} \fallingdotseq 17 \text{ m}$$

答(1)　**11.0 m**　　(2)　**2.0 s 後**　　(3)　**17 m**

章末問題のガイド

教科書 **p.49**

❶ 等速直線運動，等加速度直線運動　　　関連：教科書 p.18，32

　エレベーターが 1 階から鉛直上向きに動き出した。初めの 5.0 s 間は大きさ 1.2 m/s^2 の一定の加速度で動き，次の 10 s 間は一定の速度で動いた。その後，6.0 s 間は一定の加速度で減速して止まった。

(1)　エレベーターの速さの最大値はいくらか。

(2)　最後の 6.0 s 間の加速度の大きさはいくらか。

(3)　動き出してから止まるまでにエレベーターは何 m 上昇したか。

ポイント　(3)　初めの 5.0 s 間，次の 10 s 間，最後の 6.0 s 間のそれぞれで，エレベーターが何 m 上昇したのかを考える。

解き方　(1)　動き出してから 5.0 s 後の速さが最大値となる。上向きを正として 5.0 s 後の速度を v〔m/s〕とすると，「$v=v_0+at$」より，

$$v=0 \text{ m/s}+1.2 \text{ m/s}^2 \times 5.0 \text{ s}=6.0 \text{ m/s}$$

(2)　最後の 6.0 s 間で速度は 6.0 m/s から 0 m/s となった。上向きを正としてこの間の加速度を a〔m/s^2〕とすると，「$v=v_0+at$」より，

$$0 \text{ m/s}=6.0 \text{ m/s}+a \times 6.0 \text{ s}$$

したがって $a=-1.0 \text{ m/s}^2$

よって，加速度の大きさは 1.0 m/s^2。

(3)　上向きを正として，動き出してから 5.0 s 間の変位を x_1〔m〕，次の 10 s 間の変位を x_2〔m〕，最後の 6.0 s 間の変位を x_3〔m〕とすると，

「$x=v_0 t+\dfrac{1}{2}at^2$」より，

$$x_1=\left(0+\frac{1}{2} \times 1.2 \times 5.0^2\right) \text{ m}=15 \text{ m}$$

$$x_2=(6.0 \times 10) \text{ m}=60 \text{ m}$$

$$x_3=\left(6.0 \times 6.0-\frac{1}{2} \times 1.0 \times 6.0^2\right) \text{ m}=18 \text{ m}$$

よって，$x_1+x_2+x_3=15 \text{ m}+60 \text{ m}+18 \text{ m}=93 \text{ m}$

答　(1)　**6.0 m/s**　　(2)　**1.0 m/s^2**　　(3)　**93 m**

❷ 等加速度直線運動

関連：教科書 p.35

　x 軸上を運動する物体が，時刻 0 s に原点 O を x 軸の正の向きに通過した。図は，それ以後の物体の速度と時刻の関係を表している。

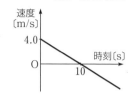

(1)　この物体の加速度はいくらか。

(2)　物体の x 座標が最も大きくなる時刻と，その座標を求めよ。

(3)　時刻 0 s から 15 s までの間に物体が進んだ距離（道のり）はいくらか。

ポイント　(2)　物体の x 座標が最も大きくなるのは，運動の向きが正から負に変わるとき，すなわち速度が 0 m/s になるときである。

(3)　物体が動いた道のりは，物体が正の向きに動いた距離と，負の向きに動いた距離の和を求めればよい。

解き方　(1)　物体の加速度を $a〔\text{m/s}^2〕$ とすると，$v\text{-}t$ グラフの傾きより，

$$a = \left(\frac{0-4.0}{10-0} \right) \text{m/s}^2 = -0.40 \text{ m/s}^2$$

(2)　物体の x 座標が最も大きくなるのは，速度が 0 m/s になるときである。$v\text{-}t$ グラフより，求める時刻は 10 s。このときの物体の座標を $x〔\text{m}〕$ とすると，「$x = v_0 t + \dfrac{1}{2} a t^2$」より，

$$x = \left\{ 4.0 \times 10 + \frac{1}{2} \times (-0.40) \times 10^2 \right\} \text{m} = 20 \text{ m}$$

(3)　0 s から 10 s までは x 軸の正の向きに進み，10 s から 15 s までは負の向きに進む。進んだ距離は $v\text{-}t$ グラフと t 軸の囲む面積で求められる。正の向きに進んだ距離 $x_1〔\text{m}〕$ は，

$$x_1 = \left(\frac{1}{2} \times 10 \times 4.0 \right) \text{m}$$
$$= 20 \text{ m}$$

負の向きに進んだ距離 $x_2〔\text{m}〕$ は，

$$x_2 = \left\{ \frac{1}{2} \times (15-10) \times 2.0 \right\} \text{m}$$
$$= 5 \text{ m}$$

思考力 UP↑

速度〔m/s〕

正の向きに進んだ距離

負の向きに進んだ距離

よって，物体が進んだ道のりは，$x_1 + x_2 = 20 \text{ m} + 5 \text{ m} = 25 \text{ m}$

答　(1)　-0.40 m/s^2　　(2)　10 s，20 m　　(3)　25 m

章末問題のガイド　第1章

❸ 速度の合成

関連：教科書 p.21

　東西に 4000 km 離れた2つの都市 A，B を結ぶジェット機の飛行時間を考えよう。ジェット機は空気に対して 900 km/h の一定の速さで飛ぶものとし，また，ジェット機の航路には，西から東へ向かって速さ 100 km/h のジェット気流とよばれる空気の流れがあるとする。この場合，ジェット機が東の都市 A から西の都市 B へ飛ぶときの時間は，都市 B から都市 A へ飛ぶときの時間よりも何分長くかかるか。

ポイント ジェット機の飛行速度は，空気に対するジェット機の速度と，ジェット気流の速度を合成したものになる。向きを考えると，都市 A から都市 B へ向かうときの飛行速度と，都市 B から都市 A へ向かうときの飛行速度は異なる。

解き方 　東の都市 A から西の都市 B へ向かうジェット機の飛行速度を v_1〔km/h〕とすると，右図から，

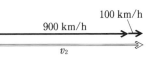

$$v_1 = 900 \text{ km/h} - 100 \text{ km/h} = 800 \text{ km/h}$$

　したがって，都市 A から都市 B へ飛ぶときの時間を t_1〔h〕とすると，

$$t_1 = \frac{4000 \text{ km}}{800 \text{ km/h}} = 5.00 \text{ h}$$

　都市 B から都市 A へ向かうジェット機の飛行速度を v_2〔km/h〕とすると，右図から，

$$v_2 = 900 \text{ km/h} + 100 \text{ km/h} = 1000 \text{ km/h}$$

　したがって，都市 B から都市 A へ飛ぶときの時間を t_2〔h〕とすると，

$$t_2 = \frac{4000 \text{ km}}{1000 \text{ km/h}} = 4.00 \text{ h}$$

　よって，$t_1 - t_2 = 5.00 \text{ h} - 4.00 \text{ h} = 1.00 \text{ h}$

　求める時間は 60.0 分。

答 60.0 分

❹ 落下運動

関連：教科書 **p.38**

図のように，地上からある高さにある小物体を，①速さ v_0 で鉛直投げおろした，②自由落下させた，③速さ v_0 で鉛直投げ上げた。

(1) 投げてから地面に落下するまでの時間が短い順に①〜③を並べよ。

(2) 地面に落下したときの速さが同じ組み合わせを，①〜③から選べ。

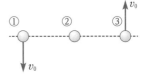

ポイント ①〜③の運動がどのようになるかをイメージする。

解き方 (1) 地面は初めの位置より低いので，鉛直に投げおろした①が最も早く地面に落下し，鉛直に投げ上げた③が最も遅く地面に落下する。したがって，①→②→③の順になる。

(2) 速さ v_0 で鉛直に投げ上げた③は最高点に達した後，初めの位置を鉛直下向きに速さ v_0 で通過する。したがって，速さ v_0 で鉛直に投げおろした①と③は，地面に落下したときの速さが同じである。

答 (1)　①→②→③　　(2)　①と③

❺ 等速度で上昇する気球からの落下運動 　　　関連：教科書 p.44 例題 4

　一定の速さ 4.9 m/s で鉛直上向きに上昇している気球がある。地上からの高さが 98 m のところで，この気球から見て小物体を初速度の大きさ 0 で落下させた。地上から見て，この物体が到達する最高点の高さはいくらか。また，地表に物体が達するまでに要する時間と，地表に達する直前の物体の速度を求めよ。ただし，重力加速度の大きさを 9.8 m/s² とする。

ポイント 一定の速さで上昇する気球から静かにはなされた小物体は，地表にいる人から見ると，気球の上昇する速さで鉛直上向きに投げ上げられた運動をする。

解き方 　地表にいる人から見ると，この小物体は初速 4.9 m/s で鉛直上向きに投げ上げられた運動をする。小物体が最高点に達するまでの時間を t_1〔s〕とすると，最高点では速度 0 m/s だから，鉛直上向きを正として「$v=v_0-gt$」より，

　　　$0\,\text{m/s}=4.9\,\text{m/s}-9.8\,\text{m/s}^2\times t_1$ 　　よって，$t_1=0.50\,\text{s}$

したがって，最高点の高さを h〔m〕とすると，「$y=v_0t-\dfrac{1}{2}gt^2$」より，

　　　$h=\left(98+4.9\times0.50-\dfrac{1}{2}\times9.8\times0.50^2\right)\text{m}=99.2\cdots\,\text{m}\fallingdotseq99\,\text{m}$

　地表に小物体が達するまでに要する時間を t_2〔s〕とすると，鉛直上向きを正として，「$y=v_0t-\dfrac{1}{2}gt^2$」より，

　　　$-98\,\text{m}=4.9\,\text{m/s}\times t_2-\dfrac{1}{2}\times9.8\,\text{m/s}^2\times t_2{}^2$

よって，$t_2{}^2-t_2-20=0$

　　　$(t_2+4.0)(t_2-5.0)=0$

$t_2>0\,\text{s}$ より，$t_2=5.0\,\text{s}$

　このときの小物体の速度を v〔m/s〕とすると，「$v=v_0-gt$」より，

　　　$v=4.9\,\text{m/s}-9.8\,\text{m/s}^2\times5.0\,\text{s}=-44.1\,\text{m/s}\fallingdotseq-44\,\text{m/s}$

　　　　　　　　　　　　　　　　　　　　（$-$ は鉛直下向きを表す）

答 99 m，5.0 s，鉛直下向きに 44 m/s

第2章　力と運動

教科書の整理

❶ 力

教科書 p.50〜61

A　力の表し方

①**力の三要素**　力の大きさ，向き，作用点のこと。これらによって力のはたらきが決まる。

②**力の作用線**　作用点を通り，力の方向に引いた直線。

③**力の単位**　ニュートン(N)を用いる。

B　いろいろな力

①**重力**　地球上の物体が地球から受ける鉛直下向きにはたらく力。

②**重さ**　重力の大きさ。質量 m〔kg〕の物体にはたらく重さ W〔N〕は，重力加速度の大きさを g〔m/s²〕とすると，

■ **重要公式 1-1**
$$W = mg$$

③**張力**　糸が引く力。

④**垂直抗力**　面に接触する物体に対して，面が垂直な方向に押す力。

⑤**摩擦力**　面に接触する物体に対して，物体の運動を妨げるように，面と平行な方向に面からはたらく力。

⑥**静止摩擦力・動摩擦力**　面に対して静止している物体にはたらく摩擦力を静止摩擦力，面に対して運動している物体にはたらく摩擦力を動摩擦力という。

⑦**弾性力**　伸ばされたり縮められたりしたばねが，元の自然の長さに戻ろうとする性質を弾性といい，伸ばされたり縮められたりしたばねが，弾性によって，つながれた物体に及ぼす力を弾性力という。

⑧**フックの法則**　弾性力の大きさ F は，ばねの自然の長さからの伸び(または縮み)の大きさ x に比例し，比例定数 k をばね定数という。単位はニュートン毎メートル(N/m)を用いる。

🐾🐾**もっと詳しく**
1N は質量 1kg の物体に 1m/s² の加速度を生じさせる力の大きさ。

■ **重要公式 1-2**
$$F = kx$$

C 力の合成と分解

①**合力** 2つ以上の力を合わせたはたらきをする1つの力。

②**力の合成** 合力を求めること。

③**異なる向きにはたらく2力の合力** $\vec{F_1}$, $\vec{F_2}$ を2辺とする平行四辺形の対角線で合力 $\vec{F}$ が表される(力の平行四辺形の法則)。

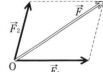

④**力の分解** 1つの力を,それと同じはたらきをする2つ以上の力に分けること。

⑤**分力** 力の分解によって分けられた力のこと。力 $\vec{F}$ を特に x 軸,y 軸の垂直な2方向に分解した場合,それぞれの分力の大きさに,向きを表す符号をつけたものを力 $\vec{F}$ の x 成分,y 成分といい,F_x,F_y と表す。

■ **重要公式 1-3**
$$F_x = F\cos\theta, \ F_y = F\sin\theta$$
$$F = \sqrt{F_x{}^2 + F_y{}^2} \qquad F : \vec{F} \text{ の大きさ}$$
$$\theta : \vec{F} \text{ と } x \text{ 軸のなす角}$$

⑥**力の合成と成分の和** 力の成分を用いると,合力を x 成分の和,y 成分の和で求めることができる。

■ **重要公式 1-4**
$$F_x = F_{1x} + F_{2x}, \ F_y = F_{1y} + F_{2y}$$

D 力のつり合い

①**力のつり合い** 物体にいくつかの力($\vec{F_1}$, $\vec{F_2}$, $\vec{F_3}$, ……)がはたらいていても物体が動かないとき,物体にはたらく力はつり合っているという。力がつり合っているとき,物体にはたらく力の合力は $\vec{0}$ である。

■ **重要公式 1-5**
$$\vec{F_1} + \vec{F_2} + \vec{F_3} + \cdots\cdots = \vec{0}$$
$$\begin{cases} x \text{ 成分} & F_{1x} + F_{2x} + F_{3x} + \cdots\cdots = 0 \\ y \text{ 成分} & F_{1y} + F_{2y} + F_{3y} + \cdots\cdots = 0 \end{cases}$$

E 作用と反作用

①**作用・反作用の法則**　物体Aが物体Bに力 $\vec{F}$ を及ぼすと、物体Bは物体Aに同じ大きさで向きが反対の同一作用線上の力 $-\vec{F}$ を及ぼす。この力の一方を作用といい、もう一方を反作用という。

②**作用・反作用と2力のつり合い**　作用・反作用の関係にある2力は、同一作用線上にあり、向きが反対で、大きさが等しい。しかし、この2力はつり合いの関係にあるのではない。

> **テストに出る**
>
> つり合う2力…1つの物体にはたらく力
>
> 作用・反作用…2つの物体が互いに及ぼし合う力

⚠**ここに注意**

つり合う2力は1つの物体にはたらく。作用・反作用の2力はそれぞれ違う物体にはたらく。

教科書の整理　第2章

② 運動の法則

教科書 p.62〜72

A 慣性の法則

①**慣性**　物体がその速度を保とうとする性質。

②**慣性の法則**　物体に力がはたらかないか、あるいは物体にはたらく力がつり合っているとき、物体の速度は変化しない。

B 運動の法則

①**運動の法則**　物体に力がはたらくとき、物体には力と同じ向きに加速度が生じる。加速度の大きさ a は、はたらいた力の大きさ F に比例し、物体の質量 m に反比例する。

②**力の単位**　質量 1 kg の物体に、大きさ 1 m/s² の加速度を生じさせる力の大きさを 1 N とする。

③**運動方程式**　質量 m [kg]の物体に $\vec{F}$ [N]の力がはたらいたとき、物体に生じた加速度を $\vec{a}$ [m/s²]とすると、次の関係が成り立つ。これを運動方程式という。

■ **重要公式 2-1**

$$m\vec{a} = \vec{F}$$

C 運動の三法則

①**運動の三法則**　運動の第 1 法則(慣性の法則)，運動の第 2 法則(運動の法則)，運動の第 3 法則(作用・反作用の法則)の 3 つの法則をニュートンの運動の三法則という。

D 重さと質量

①**重さ**　物体が受ける重力の大きさ W を重さ(重量)という。

■**重要公式 2-2**
$$W = mg \qquad m：質量 \quad g：重力加速度の大きさ$$

②**質量**　質量は，物体のもつ慣性の大きさを表す。

> ⚠️**ここに注意**
> 日常的には重さと質量は同じものと考えられやすいが，これらは異なる量である。

E 単位と次元

①**物理量と単位**　物理量は，基準となる量の何倍であるかを表す数値に，単位記号をつけて表される。単位には国際単位系(ＳＩ)が用いられている。

②**基本単位と組立単位**　長さ(m)，質量(kg)，時間(s)，電流(A)，温度(K)など 7 種類の基本単位を組み合わせて，速さ(m/s)，圧力(Pa)などの組立単位が表される。

③**次元(ディメンション)**　組立単位が基本単位のどのような組み合わせになっているかを示すもの。質量，長さ，時間の次元をそれぞれ[M]，[L]，[T]の記号で表し，組立単位の次元をそれらの組み合わせで表す。

> ⚠️**ここに注意**
> 次元は，式の左辺と右辺とで必ず等しくなる。

> 📝**テストに出る**
>
> 運動方程式 $ma = F$ より，力 F の次元$[F]$は$[ma]$の次元に等しいことから，
> $$[F] = [ma] = [m] \times [a]$$
> $$= [kg] \times [m/s^2] = [M] \times [L/T^2]$$
> $$= [MLT^{-2}]$$

❸ 様々な力と運動

教科書 p.73〜86

A いろいろな運動と運動方程式

①**運動を調べる**　物体に力がはたらく場合，運動方程式を用い
て物体の運動を調べることができる。

📝 テストに出る

運動方程式の立て方・解き方

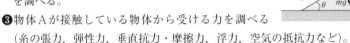

❶着目する物体を決める（以下では物体Aとする）。

❷重力など，接触していなくても物体Aにはたらく力
を調べる。

❸物体Aが接触している物体から受ける力を調べる
（糸の張力，弾性力，垂直抗力・摩擦力，浮力，空気の抵抗力など）。

❹物体Aにはたらく力の方向が１つの場合，力の方向に x 軸をとる。１つの方向で
ない場合，向きが90°異なる２方向（鉛直方向と水平方向など）に x 軸，y 軸をとり，
正の向きを決める。また，すべての力を x 軸方向と y 軸方向に分解する。

❺ x 軸（ y 軸）方向の加速度の成分を $a_x(a_y)$ として，力の符号（正・負）に注意し，運
動方程式を立てる。力がつり合っている方向では，つり合いの式を立てる。

❻すべての物体について立てた式を連立方程式として解く。

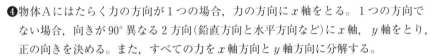

x 軸方向 $\cdots ma_x = T - mg\sin\theta$ 　　　　y 軸方向 $\cdots N - mg\cos\theta = 0$

B 摩擦力がはたらく場合

①**抗力**　物体が面から受ける力。抗力の面に垂直な分力が垂直
抗力，平行な分力が摩擦力である。

②**静止摩擦力**　静止した物体が動き出すのを妨げるようにはた
らく摩擦力。

③**最大摩擦力**　物体がすべり出す直前の静止摩擦力。最大摩擦
力の大きさ F_0 は垂直抗力の大きさ N に比例する。

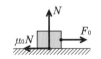

■ 重要公式 3-1

$F \leqq F_0 = \mu_0 N$ 　　μ_0：静止摩擦係数

④**静止摩擦係数**　最大摩擦力の比例定数 μ_0 のこと。接触面の
面積にほとんど関係せず，接触し合う面の種類や状態によっ
て定まる。

⑤**摩擦角**　物体を置いた面を徐々に傾けたとき，物体がすべり
始める直前の角度 θ_0 のこと。静止摩擦係数 μ_0 とは次の関係
が成り立つ。

すべり始める直前
$\mu_0 N = mg\sin\theta_0$
$N = mg\cos\theta_0$

教科書の整理　第２章

■ **重要公式 3-2**

$\mu_0 = \tan\theta_0$

⑥**動摩擦力**　面上をすべっている物体に，運動を妨げる向きにはたらく摩擦力。動摩擦力の大きさ F' は垂直抗力の大きさ N に比例する。

■ **重要公式 3-3**

$F' = \mu' N$　　μ'：動摩擦係数

⑦**動摩擦係数**　動摩擦力の比例定数 μ' のこと。接触面の面積や物体の動く速さにほとんど関係せず，接し合う面の種類や状態によって決まる。

> **もっと詳しく**
> 一般に，動摩擦係数は静止摩擦係数に比べて小さい。

⚠️ここに注意

引く力と摩擦力の関係

右図のように，あらい水平面上に置いた物体に対して水平方向に力 f を加え，f を徐々に大きくしていくとき，物体にはたらく摩擦力を考える。初めは力 f と同じ大きさの静止摩擦力がはたらいて，それらがつり合って静止している。力 f が最大摩擦力を超えると物体は動き出し，物体には一定の動摩擦力がはたらくようになる。

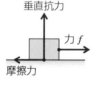

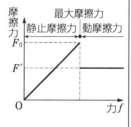

C 空気抵抗がはたらく運動

①**流体**　気体と液体を合わせて流体という。

②**終端速度**　空気中を落下する雨滴には空気抵抗がはたらく。雨滴の速さが大きくなると空気の抵抗力も大きくなり，やがて，重力と空気の抵抗力がつり合うと，雨滴は一定の速度で落下するようになる。この一定の速度を終端速度という。

> **もっと詳しく**
> 空気抵抗は空気による物体の運動を妨げるはたらき。

③ **発展 空気抵抗と終端速度**　空気の抵抗力の大きさ f が速さ v に比例するとき，$f = kv$（k は比例定数）と表せる。このとき，加速度 a は $a = g - \dfrac{k}{m}v$ となり，終端速度 v_f に達したときは $a = 0$ より，$v_f = \dfrac{mg}{k}$ となる。

D 圧力と浮力

①**圧力**　単位面積あたりの，面を垂直に押す力の大きさ。単位にはパスカル（Pa）を用いる。$1\,\mathrm{Pa} = 1\,\mathrm{N/m^2}$

■ **重要公式 3-4**

$$p = \frac{F}{S}$$　　p：圧力　F：力の大きさ　S：力を受ける面積

②**水圧**　水による圧力。水面からの深さが同じであれば，水圧はどの方向にも同じ大きさではたらく。

■ **重要公式 3-5**

$$p = \rho g h$$　　p：水圧　ρ：水の密度　h：深さ

③**水深 h での圧力**　水深 h での圧力 p' は，大気圧 p_0 を考慮すると，

■ **重要公式 3-6**

$$p' = p_0 + \rho g h$$

④**大気圧（気圧）**　空気にはたらく重力による圧力。1 気圧（1 atm）は約 1.013×10^5 Pa に等しい。

⑤**浮力**　流体中にある物体が流体から受ける上向きの力。

⑥**アルキメデスの原理**　流体中の物体が受ける浮力の大きさ F は，物体の流体中にある部分の体積 V と同体積の流体の重さに等しい。

■ **重要公式 3-7**

$$F = \rho V g$$　　ρ：流体の密度

浮力 F

$$p_2 = p_1 + \rho g h$$
$$F = S p_2 - S p_1$$
$$= \rho g h S = \rho V g$$

実験・探究・やってみようのガイド

| 教科書 p.53 | やってみよう | **輪ゴムの伸びと弾性力** |

ガイド　おもりの個数は輪ゴムの自然の長さからの伸びにほぼ比例していることがわかる。輪ゴムを引く力の大きさはおもりの個数に比例するので，輪ゴムにもフックの法則が成り立っているといえる。

| 教科書 p.57 | やってみよう | **3 力のつり合い** |

ガイド

②　リングはできるだけ軽い金属のものを使うとよい。

③　3 つのばねばかりを紙に描いたそれぞれの直線に沿って引く際，3 本の糸が 1 つの水平面内に位置するように引く。リングの質量により糸は完全に水平にはならないが，できるだけ軽いリングを使うことで，リングにはたらく重力の影響を小さくすることができる。

実
験
・
探
究
・
や
っ
て
み
よ
う
の
ガ
イ
ド
　
第
２
章

④　3つのばねばかりが示した値をリングにはたらく3力として，紙の上に作図する。力の大きさを描くときには，「0.1 Nの力の大きさを1 cmの長さの矢印で表す」などと，基準を決めておくとよい。

　教科書 p.57 の図において，紙面の右上向き，右下向き，左向きに引いているばねばかりが示す値をそれぞれ F_1，F_2，F_3，大きさ F_1，F_2 の力が大きさ F_3 の力となす角をそれぞれ θ_1，θ_2 とする。リングにはたらく力がつり合って静止しているとき，力のつり合いの式は次のようになる。

$$F_1\cos\theta_1 + F_2\cos\theta_2 - F_3 = 0 \qquad \cdots\cdots(1)$$

$$F_1\sin\theta_1 - F_2\sin\theta_2 = 0 \qquad \cdots\cdots(2)$$

次に，測定結果の例を示す。

　　$F_1 = 1.10\,\text{N}$，$F_2 = 0.86\,\text{N}$，$F_3 = 1.50\,\text{N}$

　　$\theta_1 = 35°$，$\theta_2 = 48°$

これらを式(1)，(2)の左辺に代入すると（三角関数の値は教科書 p.259 の三角関数表を用いる），

　　式(1)の左辺 $= 1.10\,\text{N} \times 0.8192 + 0.86\,\text{N} \times 0.6691 - 1.50\,\text{N} \fallingdotseq -0.02\,\text{N}$

　　式(2)の左辺 $= 1.10\,\text{N} \times 0.5736 - 0.86\,\text{N} \times 0.7431 \fallingdotseq -0.01\,\text{N}$

ほぼ0 Nとなり，リングにはたらく3力はつり合っていることが確認できる。

| 教科書 p.62 | 🧪 やってみよう | 慣性 |

①　コップの上のカードを勢いよく指ではじくと，カードは飛び出すが，カードの上にのっていたコインはコップの中に落ちる。この現象は，コインがその慣性のために同じ場所にとどまろうとしていたことを示している。

②　上の糸だけを切るには，下の糸をゆっくり引いていけばよい。このとき，下の糸には手が引く力だけがかかるが，上の糸には手が引く力と金属球の重力の和に等しい力がかかるため，上の糸が先に切れる。

　下の糸だけを切るには，下の糸を急激に引けばよい。このとき，慣性の法則から金属球は動かず，下の糸だけに手が引く力がはたらくため，下の糸だけが切れる。

実験・探究・やってみようのガイド 第2章

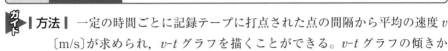

2. 一定の力がはたらくときの物体の運動①

方法 一定の時間ごとに記録テープに打点された点の間隔から平均の速度 v〔m/s〕が求められ，v-t グラフを描くことができる。v-t グラフの傾きから加速度 a〔m/s²〕が求められる。

処理 v-t グラフを描くと直線になることがわかる。

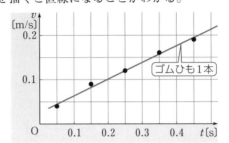

考察 v-t グラフの傾きが加速度を表すので，加速度は一定であるとわかる。したがって，一定の力を加え続けたとき，一定の加速度が生じる。

3. 一定の力がはたらくときの物体の運動②
（力と加速度の関係）

方法 探究2と同様に，一定の時間ごとに記録テープに打点された点の間隔 Δx〔cm〕から平均の速度 v〔m/s〕が求められ，v-t グラフを描くことができる。v-t グラフの傾きから加速度 a〔m/s²〕が求められる。

分析 ゴムひもの本数は台車を引く力の大きさ F〔N〕に比例することから，求めた a〔m/s²〕をもとに a-F グラフを描く。

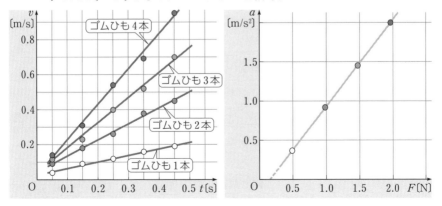

考察 a-F グラフは直線となり，ややずれるが原点Oに近い位置を通るので，a と F は比例するといえる。

教科書
p.66　**探究**　**4. 一定の力がはたらくときの物体の運動③**
（質量と加速度の関係）

方法　探究2, 3と同様に，一定の時間ごとに記録テープに打点された点の間隔 Δx〔cm〕から平均の速度 v〔m/s〕が求められ，v-t グラフを描くことができる。v-t グラフの傾きから加速度 a〔m/s²〕が求められる。

分析　求めた a〔m/s²〕をもとに，まず a-m グラフを描く。a-m グラフは曲線になるので，a と m の関係が推定しにくい。そこで，a-$\dfrac{1}{m}$ グラフを描いてみる。

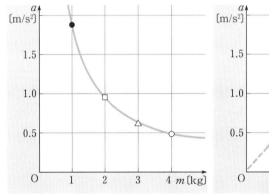
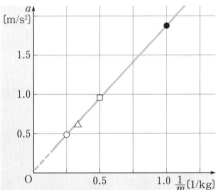

考察　a-$\dfrac{1}{m}$ グラフは直線となり，ややずれるが原点Oに近い位置を通るので，a と $\dfrac{1}{m}$ が比例することがわかる。つまり，a と m は反比例する。

教科書
p.78　**やってみよう**　**静止摩擦係数の測定**

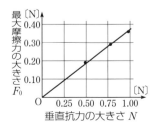

　垂直抗力の大きさ N〔N〕（木片とおもりの重さの和）と最大摩擦力の大きさ F_0〔N〕を F_0-N グラフに表した例は，右図のようになる。

　この F_0-N グラフより，F_0 は N に比例することがわかる。F_0-N グラフの傾きは静止摩擦係数 μ_0 を表すので，μ_0 を計算すると，

$$\mu_0 = \frac{0.36-0}{0.98-0} \fallingdotseq 0.37$$

教科書 p.86 やってみよう　浮力

ガイド　アルミニウム缶(砂を含む)の重さ(重力の大きさ)〔N〕と水面より下に沈んだ部分の長さ〔cm〕を測った例をグラフにすると，右図のようになる。グラフより，水面より下に沈んだ部分の長さはアルミニウム缶(砂を含む)の重さに比例することがわかる。

アルミニウム缶(砂を含む)にはたらく重力と水から受ける浮力はつり合っているので，

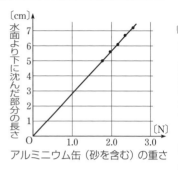

アルミニウム缶(砂を含む)の重さ

アルミニウム缶(砂を含む)の重さは浮力の大きさと等しい。

したがって，水から受ける浮力の大きさは，水面より下に沈んだ部分の長さ(すなわち体積)に比例することがわかる。

問・類題のガイド　第２章

問・類題のガイド

教科書 p.51
問 1

300 g のりんごにはたらく重力の大きさはいくらか。ただし，重力加速度の大きさを $9.8\,\mathrm{m/s^2}$ とする。

ポイント　**重力の大きさ＝質量×重力加速度の大きさ**

解き方　りんごの質量は，300 g＝0.30 kg より，
　　　$0.30\,\mathrm{kg}×9.8\,\mathrm{m/s^2}=2.94\,\mathrm{N}≒2.9\,\mathrm{N}$

答 2.9 N

教科書 p.53
問 2

軽いばねに質量 0.50 kg のおもりをつるしたところ，ばねが自然の長さよりも 0.14 m だけ伸びた状態でおもりは静止した。このばねのばね定数は何 N/m か。ただし，重力加速度の大きさを $9.8\,\mathrm{m/s^2}$ とする。

ポイント　**フックの法則　$F=kx$**

問・類題のガイド 第2章

解き方 このばねに加わる力の大きさは，$0.50\,\text{kg} \times 9.8\,\text{m/s}^2 = 4.9\,\text{N}$

このとき，ばねの自然の長さからの伸びは $0.14\,\text{m}$ である。ばね定数を k〔N/m〕とすると，フックの法則「$F=kx$」より，

$4.9\,\text{N} = k \times 0.14\,\text{m}$　　よって，$k=35\,\text{N/m}$

答 35 N/m

教科書 **p.55**
問 3

水平面上に置かれた物体に，右の図のように，水平から $30°$ 斜め上向きに $4.0\,\text{N}$ の力を加える。この力の水平成分，鉛直成分の大きさをそれぞれ求めよ。

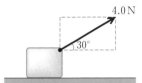

ポイント $F_x = F\cos\theta,\quad F_y = F\sin\theta$

解き方 力の水平成分，鉛直成分の大きさをそれぞれ F_x〔N〕，F_y〔N〕とすると，

$$F_x = 4.0\,\text{N} \times \cos 30° = 4.0\,\text{N} \times \frac{\sqrt{3}}{2} \fallingdotseq 3.5\,\text{N}$$

$$F_y = 4.0\,\text{N} \times \sin 30° = 4.0\,\text{N} \times \frac{1}{2} = 2.0\,\text{N}$$

答 水平成分…3.5 N，鉛直成分…2.0 N

教科書 **p.55**
問 4

右の図の 2 つの力 $\vec{F_1}$，$\vec{F_2}$ の合力の x 成分 F_x，y 成分 F_y を求めよ。また，合力の大きさ F を求めよ。ただし，図の 1 目盛りを 1 N とする。

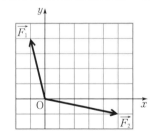

ポイント $F_x = F_{1x} + F_{2x},\quad F_y = F_{1y} + F_{2y},\quad F = \sqrt{F_x^2 + F_y^2}$

解き方 $\vec{F_1}$，$\vec{F_2}$ の x 成分をそれぞれ F_{1x}〔N〕，F_{2x}〔N〕，y 成分を F_{1y}〔N〕，F_{2y}〔N〕とすると，

$F_{1x} = -1.0\,\text{N}$，$F_{1y} = 4.0\,\text{N}$，$F_{2x} = 5.0\,\text{N}$，$F_{2y} = -1.0\,\text{N}$

したがって，$F_x = F_{1x} + F_{2x} = 4.0\,\text{N}$，$F_y = F_{1y} + F_{2y} = 3.0\,\text{N}$

$$F = \sqrt{F_x^2 + F_y^2} = \sqrt{(4.0\,\text{N})^2 + (3.0\,\text{N})^2} = 5.0\,\text{N}$$

答 $F_x = 4.0\,\text{N}$，$F_y = 3.0\,\text{N}$，$F = 5.0\,\text{N}$

<table>
<tr><td>教科書
p.57
類題 1</td><td>傾きの角が θ のなめらかな斜面上に質量 m の物体を置き，物体に水平方向の力 $\vec{F}$ を加えて静止させた。重力加速度の大きさを g とする。
(1)　$\vec{F}$ の大きさを求めよ。
(2)　物体が斜面から受ける垂直抗力の大きさを求めよ。</td><td>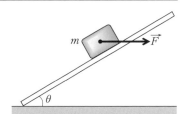</td></tr>
</table>

ポイント　鉛直方向，水平方向の力のつり合いを考える。斜面に平行，垂直な方向の力のつり合いを考えてもよいが，計算が面倒になる。

解き方　物体が斜面から受ける垂直抗力の大きさを N，$\vec{F}$ の大きさを F とし，鉛直方向，水平方向の力のつり合いより，

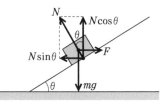

$$N\cos\theta - mg = 0$$

$$F - N\sin\theta = 0$$

この2式より，$F = mg\tan\theta$，$N = \dfrac{mg}{\cos\theta}$

答(1)　$mg\tan\theta$　　(2)　$\dfrac{mg}{\cos\theta}$

教科書 p.58 問5

図は，軽いボールを壁に押しつけたときにはたらく力を示したもので，$\vec{F_1}$ は指がボールを押す力，$\vec{F_2}$ は壁がボールを押す力を示している。それぞれの力と作用・反作用の関係にある力 $\vec{F_1'}$，$\vec{F_2'}$ を図示するとともに，それらの力について，何が何を押す力か説明せよ。

ポイント 物体Aから物体Bに力が作用すると，逆向きに同じ大きさの力が物体Bから物体Aに作用する。

解き方 $\vec{F_1}$ は指がボールを押す力だから，その反作用の力 $\vec{F_1'}$ は，ボールが指を押す力となる。$\vec{F_2}$ は壁がボールを押す力であるから，その反作用の力 $\vec{F_2'}$ は，ボールが壁を押す力となる。また，作用・反作用の関係にある2力の大きさは等しい。

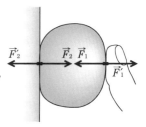

答 $\vec{F_1'}$…**解き方**の図，ボールが指を押す力

$\vec{F_2'}$…**解き方**の図，ボールが壁を押す力

教科書 p.59 問6

右の図の $\vec{F_1} \sim \vec{F_4}$ は，どの物体にはたらく力か。また，荷物が静止しているとき，つり合いの関係にある2力，作用・反作用の関係にある2力は，それぞれどれとどれか。

ポイント 作用・反作用の関係にある2力の大きさは等しい。

解き方 $\vec{F_1}$ は荷物からAさんにはたらく力，$\vec{F_2}$ はAさんから荷物にはたらく力，$\vec{F_3}$ はBさんから荷物にはたらく力，$\vec{F_4}$ は荷物からBさんにはたらく力。

荷物が静止しているとき，荷物にはたらく $\vec{F_2}$ と $\vec{F_3}$ はつり合いの関係，$\vec{F_1}$ と $\vec{F_2}$，$\vec{F_3}$ と $\vec{F_4}$ はそれぞれ作用・反作用の関係にある。

答 どの物体にはたらくかは **解き方** 参照　　つり合いの関係…$\vec{F_2}$ と $\vec{F_3}$

作用・反作用の関係…$\vec{F_1}$ と $\vec{F_2}$，$\vec{F_3}$ と $\vec{F_4}$

教科書
p.60
問 7

(1)〜(3)の図で，ばねの伸びの大きさを比較せよ。ただし，ばねもおもりも すべて同一で，ばねは軽く，ばねにはたらく重力は無視できるものとする。

(1) 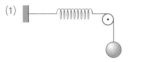　(2) 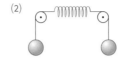　(3)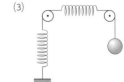

ポイント　　**弾性力は，ばねの両端に同じ大きさで逆向きにはたらく。**

解き方　(1)〜(3)のばねなどにはたらく力を図示すると，次のようになる。

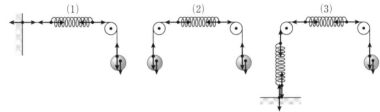

ばねの弾性力は，ばねの両端に同じ大きさで逆向きにはたらく。また， それぞれの弾性力の大きさは，おもりにはたらく重力の大きさと等しい。 よって，すべてのばねの弾性力の大きさは等しく，ばねの伸びも等しい。

答 すべて等しい。

教科書
p.65
問 8

同じ質量 m〔kg〕の小球１と小球２がある。小球１に大きさ F〔N〕の力を加 えたときの加速度の大きさは a〔m/s²〕であった。小球２に大きさ $2F$〔N〕の力 を加えたときの加速度の大きさはいくらか。

ポイント　　**加速度の大きさは，はたらく力の大きさに比例する。**

解き方　小球２に大きさ $2F$〔N〕の力を加えたときの加速度の大きさを a'〔m/s²〕 とする。小球２には小球１の２倍の大きさの力がはたらき，質量が等しい ので，加速度の大きさは力の大きさに比例して，

$$a' = 2a \text{〔m/s²〕}$$

答 $2a$〔m/s²〕

問・類題のガイド　第 2 章

教科書
p.67
問 9

質量 m〔kg〕の小球 1 と質量 $2m$〔kg〕の小球 2 がある。小球 1 に大きさ F〔N〕の力を加えたときの加速度の大きさは a〔m/s²〕であった。小球 2 に大きさ F〔N〕の力を加えたときの加速度の大きさはいくらか。

ポイント　加速度の大きさは，質量に反比例する。

解き方　小球 2 に大きさ F〔N〕の力を加えたときの加速度の大きさを a'〔m/s²〕とする。小球 2 は小球 1 の質量の 2 倍であり，はたらく力が等しいので，加速度の大きさは質量に反比例して，

$$a' = \frac{1}{2}a \text{〔m/s}^2\text{〕}$$

答 $\dfrac{1}{2}a$〔m/s²〕

教科書
p.68
問 10

質量 2.0 kg の物体が，直線上を右向きに 4.0 m/s² の一定の加速度で等加速度直線運動をしている。このとき，物体にはたらいている力の合力はどちら向きに何Nか。

ポイント　運動方程式　$m\vec{a} = \vec{F}$

解き方　右向きを正とする。物体にはたらいている力の合力を F〔N〕とすると，運動方程式「$ma = F$」より，

$$2.0 \text{ kg} \times 4.0 \text{ m/s}^2 = F \qquad \text{よって，} F = 8.0 \text{ N}$$

答 右向きに 8.0 N

教科書
p.69
問 11

質量 10 kg の物体が直線上を運動して，その速度が時刻とともに図のように変化した。

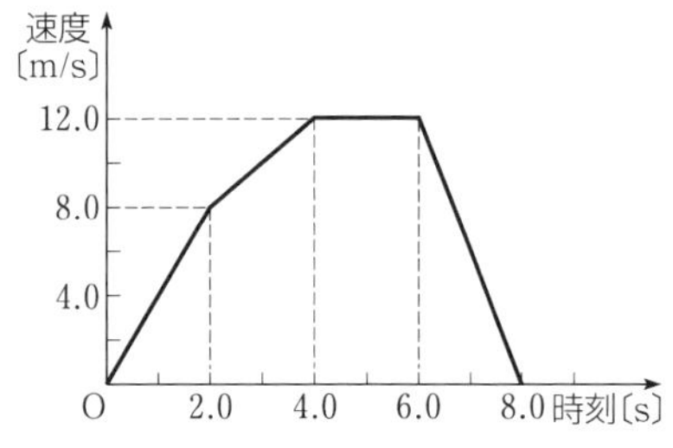

(1) 物体が動き始めたとき，はたらいていた力の大きさは何Nか。

(2) 物体にはたらく力がつり合った状態で運動していたのは，何 s から何 s の間か。

(3) 物体にはたらく力がどのように変化したかをグラフに示せ。ただし，速度の正の向きにはたらく力を正とする。

ポイント　　**速度が一定のとき，物体にはたらく力がつり合っている。**

解き方 (1)　加速度を a〔m/s²〕とする。グラフの時刻 0〜2.0 s での傾きより，

$$a = \frac{8.0 \text{ m/s} - 0 \text{ m/s}}{2.0 \text{ s} - 0 \text{ s}} = 4.0 \text{ m/s}^2$$

求める力の大きさを F〔N〕とすると，運動方程式「$ma = F$」より，

$$10 \text{ kg} \times 4.0 \text{ m/s}^2 = F \quad \text{よって，} F = 40 \text{ N}$$

(2)　物体にはたらく力がつり合っていると，加速度 $a = 0$ m/s² であり，物体は等速直線運動または静止をしている。グラフより，物体が等速直線運動をしていたのは，時刻 4.0〜6.0 s の間である。

(3)　(1)，(2)以外の時刻での物体の加速度 a〔m/s²〕は，次のようになる。

2.0〜4.0 s　　$a = \dfrac{12.0 \text{ m/s} - 8.0 \text{ m/s}}{4.0 \text{ s} - 2.0 \text{ s}} = 2.0 \text{ m/s}^2$

6.0〜8.0 s　　$a = \dfrac{0 \text{ m/s} - 12.0 \text{ m/s}}{8.0 \text{ s} - 6.0 \text{ s}} = -6.0 \text{ m/s}^2$

これらより，各時間帯で物体にはたらく力 F〔N〕は次のように求まる。

0〜2.0 s

$\quad F = 10 \text{ kg} \times 4.0 \text{ m/s}^2 = 40 \text{ N}$

2.0〜4.0 s

$\quad F = 10 \text{ kg} \times 2.0 \text{ m/s}^2 = 20 \text{ N}$

4.0〜6.0 s

$\quad F = 10 \text{ kg} \times 0 \text{ m/s}^2 = 0 \text{ N}$

6.0〜8.0 s

$\quad F = 10 \text{ kg} \times (-6.0 \text{ m/s}^2) = -60 \text{ N}$

これをグラフにすると，図のようになる。

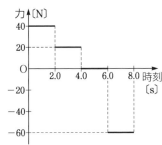

答 (1)　**40 N**　　(2)　**4.0〜6.0 s**　　(3)　**解き方** の図参照

教科書 p.71
問 12

月面上で物体を自由落下させたときの加速度の大きさは $1.6 \, \text{m/s}^2$ である。質量 $50 \, \text{kg}$ の物体の月面上での重さは何Nか。

ポイント

重力の大きさ　$W = mg$

解き方

月面上でこの物体にはたらく重力の大きさ(重さ)$W[\text{N}]$は,

$$W = 50 \, \text{kg} \times 1.6 \, \text{m/s}^2 = 80 \, \text{N}$$

答 $80 \, \text{N}$

教科書 p.73
類題 2

例題 3 で,鉛直上向きに糸が引く力の大きさが $3.0 \, \text{N}$ のとき,物体の加速度を求めよ。また,物体を一定の速さで引き上げているとき,糸が引く力の大きさはいくらか。

ポイント

一定の速さで運動するとき,物体にはたらく力はつり合っている。

解き方

糸を $3.0 \, \text{N}$ の力で鉛直上向きに引くとき,鉛直上向きを正とし,物体の加速度を $a[\text{m/s}^2]$ とすると,運動方程式「$ma = F$」より,

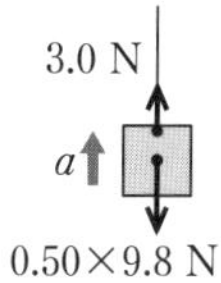

$$0.50 \, \text{kg} \times a = 3.0 \, \text{N} - 0.50 \, \text{kg} \times 9.8 \, \text{m/s}^2$$

よって,$a = -3.8 \, \text{m/s}^2$

3.0 N
a
$0.50 \times 9.8 \, \text{N}$

また,物体を一定の速さで引き上げているとき,物体にはたらく力はつり合っている。このとき,糸が物体を引く力の大きさを $F[\text{N}]$ とすると,力のつり合いの式より,

$$F - 0.50 \, \text{kg} \times 9.8 \, \text{m/s}^2 = 0 \, \text{N} \qquad \text{よって,} \ F = 4.9 \, \text{N}$$

答 鉛直下向きに $3.8 \, \text{m/s}^2$,$4.9 \, \text{N}$

教科書 p.74
類題 3

右の図のように,物体A(質量 $0.20 \, \text{kg}$)と物体B(質量 $0.30 \, \text{kg}$)を軽くて伸びない糸でつなぎ,Aを鉛直上向きに $6.0 \, \text{N}$ の力で引いた。重力加速度の大きさを $9.8 \, \text{m/s}^2$ とする。

(1) A,Bの加速度の向きと大きさを求めよ。

(2) 糸がBを引く力の大きさは何Nか。

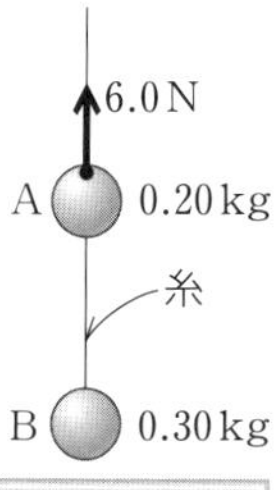

6.0 N
A　$0.20 \, \text{kg}$
糸
B　$0.30 \, \text{kg}$

ポイント

糸の両端にはたらく張力の大きさは等しい。

解き方(1) 鉛直上向きを正とし，A，Bの加速度を $a[\text{m/s}^2]$ とする。また，A，Bにはたらく糸の張力の大きさは等しく，それを $T[\text{N}]$ とする。A，Bについて運動方程式を立てると，

A：$0.20\,\text{kg} \times a = 6.0\,\text{N} - T - (0.20 \times 9.8)\text{N}$　……①

B：$0.30\,\text{kg} \times a = T - (0.30 \times 9.8)\text{N}$　　　……②

式①＋② より，$0.50\,\text{kg} \times a = 1.1\,\text{N}$

よって，$a = \dfrac{1.1\,\text{N}}{0.50\,\text{kg}} = 2.2\,\text{m/s}^2$

(2) a の値を式②に代入して，

$T = 0.30\,\text{kg} \times 2.2\,\text{m/s}^2 + (0.30 \times 9.8)\text{N} = 3.6\,\text{N}$

答(1) 鉛直上向きに $2.2\,\text{m/s}^2$　　(2) **3.6 N**

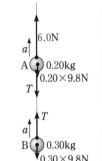

教科書 **p.75**
類題 4

なめらかで水平な机の上に置かれた質量 M の物体Aに軽くて伸びない糸をつけ，なめらかに回る軽い滑車を通して糸の他端に質量 m の物体Bをつるした。A，Bの加速度の大きさはいくらか。また，糸が引く力の大きさはいくらか。ただし，重力加速度の大きさを g とする。

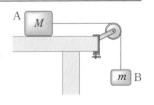

ポイント　それぞれの物体について運動方程式を立てる。

解き方　A，Bの加速度の大きさを a，A，Bにはたらく糸の張力の大きさを T，A，Bそれぞれの進む向きを正として，「$ma = F$」より，

A：$Ma = T$

B：$ma = mg - T$

この 2 式より，$a = \dfrac{m}{M+m}g$，$T = \dfrac{Mm}{M+m}g$

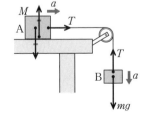

答 加速度の大きさ…$\dfrac{m}{M+m}g$，糸が引く力の大きさ…$\dfrac{Mm}{M+m}g$

問・類題のガイド 第2章

教科書
p.76
類題5

　なめらかな水平面上に質量がそれぞれ m_1, m_2, m_3 の3つの物体A，B，Cを接触させて置き，Aを水平方向右向きに大きさ F の力で押すと，A，B，Cは接触したまま右向きに動き出す。AがBを押す力の大きさと，BがCを押す力の大きさを，それぞれ求めよ。

ポイント **AとB，BとCの間にはたらく力は，作用・反作用の関係。**

解き方 　AがBを押す力の大きさを f_1 とすると，作用・反作用の法則により，BがAを押す力の大きさも f_1 となる。同様に，

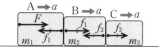

BがCを押す力の大きさを f_2 とすると，CがBを押す力の大きさも f_2 である。A，B，Cの加速度を a，右向きを正として，運動方程式「$ma=F$」より，

　　A：$m_1a=F-f_1$ ……①

　　B：$m_2a=f_1-f_2$

　　C：$m_3a=f_2$ 　……②

これらの3式より，f_1, f_2 を消去して，$a=\dfrac{F}{m_1+m_2+m_3}$

これを式①に代入して，$f_1=\dfrac{m_2+m_3}{m_1+m_2+m_3}F$

また，式②に代入して，$f_2=\dfrac{m_3}{m_1+m_2+m_3}F$

答 AがBを押す力の大きさ…$\dfrac{m_2+m_3}{m_1+m_2+m_3}F$

　　BがCを押す力の大きさ…$\dfrac{m_3}{m_1+m_2+m_3}F$

教科書 p.78 問 13　水平な床の上に質量 2.0 kg の物体を置き，水平方向に力を加える。この力をしだいに大きくしていくと，9.8 N を超えたときに物体は動き始めた。物体と床との間の静止摩擦係数はいくらか。ただし，重力加速度の大きさを 9.8 m/s^2 とする。

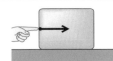

ポイント　最大摩擦力の大きさ　$F_0 = \mu_0 N$

解き方　物体が動き始める直前，物体にはたらいている摩擦力は最大摩擦力であり，物体にはたらく力はつり合っている。物体が床から受ける垂直抗力の大きさを N，静止摩擦係数を μ_0 とすると，

鉛直方向の力のつり合いより，$N - 2.0 \text{ kg} \times 9.8 \text{ m/s}^2 = 0 \text{ N}$

水平方向の力のつり合いより，$9.8 \text{ N} - \mu_0 N = 0 \text{ N}$

この 2 式より，N を消去して，$\mu_0 = 0.50$

答 0.50

教科書 p.80 問 14　あらい水平面上の点 O から，物体を初速度の大きさ v_0 ですべらせた。物体が静止するまでにかかる時間はいくらか。また，物体が静止するまでに水平面上を進む距離はいくらか。ただし，物体と水平面との間の動摩擦係数を μ'，重力加速度の大きさを g とする。

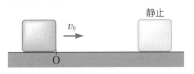

ポイント　動摩擦力の大きさ　$F' = \mu' N$

解き方　物体と水平面の間には動摩擦力がはたらいている。物体が水平面から受ける垂直抗力の大きさを N，動摩擦係数を μ'，物体の質量を m，物体の加速度を a，水平方向については図の右向きを正として，鉛直方向の力のつり合いより，

$N = mg$

水平方向の運動方程式「$ma = F$」より，

$ma = -\mu' N$

この 2 式より N を消去して，$a = -\mu' g$

したがって，物体が静止するまでにかかる時間を t とすると，「$v = v_0 + at$」より，

問・類題のガイド　第２章

$$0=v_0+(-\mu'g)t \qquad \text{よって,}\quad t=\frac{v_0}{\mu'g}$$

また，物体が水平面上を進む距離を l とすると，「$x=v_0t+\frac{1}{2}at^2$」より，

$$l=v_0\times\frac{v_0}{\mu'g}+\frac{1}{2}\times(-\mu'g)\times\left(\frac{v_0}{\mu'g}\right)^2=\frac{v_0{}^2}{2\mu'g}$$

答 時間… $\dfrac{v_0}{\mu'g}$，距離… $\dfrac{v_0{}^2}{2\mu'g}$

教科書 p.81 類題6　例題7の斜面Bの上に置いた物体に，斜面に沿って上向きの初速度を与え，斜面をすべり上がらせた。このときの加速度の大きさと向きを答えよ。ただし，重力加速度の大きさを g とする。

ポイント　斜面に平行な方向は $ma=F$，垂直な方向は力のつり合い。

解き方　物体にはたらく力を図示すると，右図のようになる。斜面に沿って上向きを正として物体の加速度を a，斜面から受ける垂直抗力の大きさを N とする。

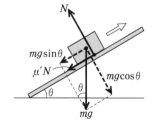

　斜面に対して垂直な方向の力のつり合いより，

$$N-mg\cos\theta=0$$

斜面に対して平行な方向は，運動方程式「$ma=F$」より，

$$ma=-mg\sin\theta-\mu'N$$

この２式より，N を消去して，

$$a=-(\sin\theta+\mu'\cos\theta)g$$

答 $(\sin\theta+\mu'\cos\theta)g$，斜面に沿って下向き

教科書 **p.84** **問 15**　大気圧を $1.0×10^5$ Pa，水の密度を $1.0×10^3$ kg/m^3 とすると，水中にある物体の水面からの深さが 20 m のところにある面が受ける圧力は何 Pa か。ただし，重力加速度の大きさを 9.8 m/s^2 とする。

ポイント　水面から深さ h の圧力は，$p'=p_0+\rho g h$

解き方　水面からの深さ 20 m の圧力は，大気圧に水圧を加えた値 p'〔Pa〕であり，「$p'=p_0+\rho g h$」より，

$$p=1.0×10^5 \text{ Pa}+1.0×10^3 \text{ kg/m}^3×9.8 \text{ m/s}^2×20 \text{ m}$$
$$=(1.0×10^5+1.96×10^5)\text{Pa}≒3.0×10^5 \text{ Pa}$$

答 $3.0×10^5$ **Pa**

教科書 **p.85** **問 16**　密度 $6.0×10^2$ kg/m^3 の木材で各辺が 0.10 m の立方体をつくり，水（密度 $1.0×10^3$ kg/m^3）に浮かべた。水面から上に出る体積は何 m^3 か。

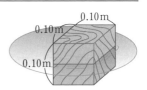

ポイント　浮力の大きさ　$F=\rho V g$

解き方　立方体の水面より下の部分の体積 V〔m^3〕とする。立方体にはたらく重力と水から受ける浮力がつり合っていることから，

$$1.0×10^3 \text{ kg/m}^3×V×9.8 \text{ m/s}^2$$
$$-6.0×10^2 \text{ kg/m}^3×(0.10 \text{ m}×0.10 \text{ m}×0.10 \text{ m})×9.8 \text{ m/s}^2=0 \text{ N}$$

よって，$V=6.0×10^{-4}$ m^3

したがって，水面から上に出る体積は，

$$(0.10 \text{ m})^3-6.0×10^{-4} \text{ m}^3=4.0×10^{-4} \text{ m}^3$$

答 $4.0×10^{-4}$ **m^3**

思考力UP↑

浮力の大きさ F は，立方体の水中にある部分の体積 V と同じ体積の水の重さに等しいので，$F=\rho V g$ と表される（ρ は水の密度，g は重力加速度の大きさ）。

問・類題のガイド　第2章

　　水を入れた容器の中に，ばねばかりでつるした質量 50.0 g の金属球を徐々に入れた。金属球が完全に水中に入った状態で，ばねばかりの目盛りは 43.7 g を示した。このとき，金属球は容器の底に触れていなかったとして，次の問いに答えよ。ただし，水の密度を 1.0 g/cm³ とする。

(1)　この金属球の体積は何 cm³ か。

(2)　この金属球の密度は何 g/cm³ か。

ポイント

> **浮力の大きさ　$F=\rho V g$**
> **力のつり合いの式で，g/cm³，cm³，g の単位に統一すれば，そのまま計算してもよい。**

解き方(1)　金属球には重力，浮力，ばねばかりが引く力がはたらき，それらがつり合っている。金属球の質量を M，ばねばかりの目盛りを m，金属球の体積を V とし，水の密度を ρ_0，重力加速度の大きさを g とする。力のつり合いの式より，

$$\rho_0 V g + m g - M g = 0$$
$$\rho_0 V = M - m$$

g/cm³，cm³，g の単位に統一すれば，そのまま代入して計算してもよいので，

$$1.0 \text{ g/cm}^3 \times V = 50.0 \text{ g} - 43.7 \text{ g}$$

よって，$V = 6.3 \text{ cm}^3$

(2)　金属球の密度を ρ とすると，

$$\rho = \frac{50.0 \text{ g}}{6.3 \text{ cm}^3} = 7.93\cdots \text{ g/cm}^3 \fallingdotseq 7.9 \text{ g/cm}^3$$

読解力UP↑

ばねばかりの示す目盛りを m とすると，ばねばかりが金属球を引く力の大きさは mg と表される。

答(1)　**6.3 cm³**　　(2)　**7.9 g/cm³**

章末問題のガイド

教科書 **p.87**

章末問題のガイド　第２章

❶ 力のつり合い

関連：教科書 **p.57** 例題 **1**，**p60** 例題 **2**

　鉛直に対して，２本の糸を図のような角度にして同じおもりをつり下げるとき，最も大きな力が必要な糸は A～F のうちどれか。図を使って説明せよ。

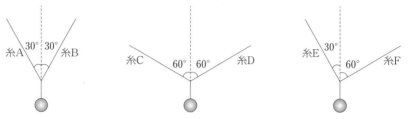

ポイント　水平方向と鉛直方向の力のつり合いから，糸の張力の大きさを考える。

解き方　おもりの重さを W，糸 A～F の張力の大きさをそれぞれ T_A～T_F とする。

　糸 A，B での力のつり合いより，

水平方向：$T_B \sin 30° - T_A \sin 30° = 0$

鉛直方向：$T_A \cos 30° + T_B \cos 30° - W = 0$

したがって，

$$T_A = T_B = \frac{1}{\sqrt{3}} W$$

　糸 C，D での力のつり合いより，

水平方向：$T_D \sin 60° - T_C \sin 60° = 0$

鉛直方向：$T_C \cos 60° + T_D \cos 60° - W = 0$

したがって，

$$T_C = T_D = W$$

　糸 E，F での力のつり合いより，

水平方向：$T_F \sin 60° - T_E \sin 30° = 0$

鉛直方向：$T_E \cos 30° + T_F \cos 60° - W = 0$

したがって，

$$T_E = \frac{\sqrt{3}}{2} W, \quad T_F = \frac{1}{2} W$$

　最も大きな力が必要な糸は C，D である。

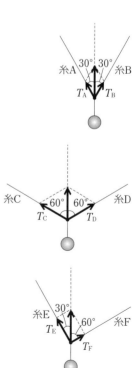

答 C，D

章末問題のガイド 第 2 章

❷運動方程式（エレベーター中で床から受ける力）

関連：教科書 p.73 例題 3

質量 m の人がエレベーターに乗って上昇している。次の場合において，人が床から受ける力の大きさを求めよ。ただし，重力加速度の大きさを g とする。

(1) エレベーターが加速度の大きさ a で加速しているとき

(2) エレベーターが加速度の大きさ b で減速しているとき

ポイント 運動方程式を立てて，床から受ける力の大きさを求める。

解き方 (1) 人が床から受ける力の大きさを N_1 とすると，上向きを正として，人の鉛直方向の運動方程式より，

$$ma = N_1 - mg \qquad よって，N_1 = m(g+a)$$

(2) 人が床から受ける力の大きさを N_2 とすると，上向きを正としたとき，加速度は $-b$ なので，人の鉛直方向の運動方程式より，

$$m(-b) = N_2 - mg \qquad よって，N_2 = m(g-b)$$

答 (1) $m(g+a)$ (2) $m(g-b)$

❸摩擦力

関連：教科書 p.77

図のように，なめらかで水平な床の上に質量 M の板を置き，その上に質量 m の物体を置く。板を水平に引くと，板と物体は一体となって動

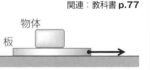

き出した。水平に引く力の大きさがいくらを超えると，物体と板が別々に動き出すか。ただし，物体と板との間の静止摩擦係数を μ_0，重力加速度の大きさを g とする。

ポイント 板と物体にそれぞれはたらく摩擦力は作用・反作用の関係。

解き方 右図のように，板を右向きに引くと，板には左向きに摩擦力（大きさを f とする）がはたらく。そして，物体には，その反作用の力が右向きにはたらく。

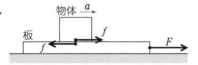

物体，板の加速度を a とすると，物体，板の運動方程式は，

物体：$ma = f$ ……① 板：$Ma = F - f$

この 2 式より，f を消去して，$a = \dfrac{F}{m+M}$

式①に代入して，$f = \dfrac{m}{m+M}F$　……②

一体となって動き出すとき，$f \leqq \mu_0 mg$

式②を代入して整理すると，$F \leqq \mu_0(m+M)g$

答 $\mu_0(m+M)g$

❹ 運動方程式（あらい斜面上での物体の運動）　関連：教科書 **p.81** 例題 **7**

傾斜角 θ の斜面に置かれた物体に，斜面上向きの初速度 v_0 を与えると，最高点に達した後，運動の向きを変えて，初めの位置に戻ってきた。次の問いに答えよ。ただし，物体と斜面との間の動摩擦係数を μ'，重力加速度の大きさを g とする。

(1) 最高点までの移動距離を求めよ。

(2) 初めの位置に戻ってきたときの速さを求めよ。

ポイント 運動方程式を立てて加速度を求め，等加速度直線運動の式を用いる。

解き方 (1) 物体が斜面から受ける垂直抗力の大きさを N とすると，斜面に垂直な方向の力のつり合いより，

$$N - mg\cos\theta = 0 \quad よって，N = mg\cos\theta \quad ……①$$

また，物体が斜面を上向きに運動しているとき，斜面と平行に上向きを正として加速度を a とすると，運動方程式は，

$$ma = -\mu'N - mg\sin\theta$$

式①を代入して，a について解くと，

$$a = -g(\mu'\cos\theta + \sin\theta) \quad ……②$$

最高点までの移動距離を x とすると，「$v^2 - v_0^2 = 2ax$」より，

$$0^2 - v_0^2 = 2ax$$

式②を代入して，x について解くと，$x = \dfrac{v_0^2}{2g(\mu'\cos\theta + \sin\theta)}$　……③

(2) 物体が斜面を下向きに運動しているとき，斜面と平行に下向きを正として加速度を a' とすると，運動方程式は，

$$ma' = mg\sin\theta - \mu'N$$

よって，$a' = g(-\mu'\cos\theta + \sin\theta)$　……④

初めの位置に戻ってきたときの速さを v とすると，「$v^2 - v_0^2 = 2ax$」より，

$$v^2 - 0^2 = 2a'x$$

式③，④を代入して，v について解くと，

$$v = v_0 \sqrt{\dfrac{-\mu' \cos\theta + \sin\theta}{\mu' \cos\theta + \sin\theta}}$$

答 (1)　$\dfrac{v_0{}^2}{2g(\mu' \cos\theta + \sin\theta)}$　　(2)　$v_0 \sqrt{\dfrac{-\mu' \cos\theta + \sin\theta}{\mu' \cos\theta + \sin\theta}}$

---

❺ 浮力

関連：教科書 **p.85**

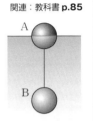

　体積の等しい 2 つの球 A，B を軽くて細い糸でつないで水に入れたところ，A のちょうど半分が水面から上に出た状態で，糸がたるまずに浮かんだ。水の密度を ρ，A の密度を $\dfrac{\rho}{6}$ とする。

(1)　A が水から受ける浮力の大きさは，A にはたらく重力の大きさの何倍か。

(2)　B の密度はいくらか。

ポイント　(2)　**2 球 A，B の全体で，重力と浮力がつり合っている。**

解き方　(1)　A と B の体積を V，重力加速度の大きさを g とすると，

A が水から受ける浮力の大きさは，$\rho \dfrac{V}{2} g = \dfrac{1}{2} \rho V g$

A にはたらく重力の大きさは，$\dfrac{\rho}{6} V g = \dfrac{1}{6} \rho V g$

よって，$\dfrac{\dfrac{1}{2} \rho V g}{\dfrac{1}{6} \rho V g} = 3$

　したがって，A が水から受ける浮力の大きさは，A にはたらく重力の大きさの 3 倍である。

(2)　B の密度を ρ_B とする。B にはたらく重力の大きさは $\rho_B V g$，B が水から受ける浮力の大きさは $\rho V g$ であり，A，B にはたらく重力と浮力がつり合っているので，

$$\dfrac{1}{2} \rho V g + \rho V g - \left(\dfrac{1}{6} \rho V g + \rho_B V g \right) = 0 \qquad \text{よって，} \rho_B = \dfrac{4}{3} \rho$$

答 (1)　3 倍　　(2)　$\dfrac{4}{3} \rho$

第3章　仕事とエネルギー

教科書の整理

① 仕 事

教科書 p.88～95

A 仕 事

①**物理でいう仕事**　物体を動かしたとき，加えた力の大きさ F〔N〕と動かした距離 s〔m〕をかけたものを仕事 W〔J〕と定義する。仕事の単位にはジュール（J）を用いる。1 J＝1 N・m

■ **重要公式 1-1**
$$W = Fs$$

B 力の向きと変位の向きとが異なる場合の仕事

①**力の向きと変位の向きとが異なる場合の仕事**　力の向きと変位の向きとのなす角が θ のとき，力の変位の向きの成分は $F\cos\theta$〔N〕である。よって，仕事 W〔J〕は，

■ **重要公式 1-2**
$$W = Fs\cos\theta$$

C 仕事の符号

①**正の仕事**　力の向きと変位の向きとのなす角 θ が $0° \leqq \theta < 90°$ の場合，仕事は正になる。

②**負の仕事**　$90° < \theta \leqq 180°$ の場合，仕事は負になる。特に $\theta = 180°$ のとき，力の向きと変位の向きが逆であり，仕事 $W = Fs\cos 180° = -Fs$〔J〕となる。

③**仕事が0の場合**　$\theta = 90°$ の場合，力の向きと変位の向きが垂直であり，仕事 $W = Fs\cos 90° = 0$ となる。

D 仕事の原理

①**仕事の原理**　道具を使っても，仕事の量は道具を使わないときと同じになる。

E 仕事率

①**仕事率 P**　単位時間あたりにする仕事の量。仕事の能率を表す。単位にはワット（W）を用いる。1 W＝1 J/s

■ **テストに出る**

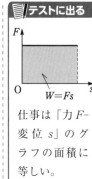

仕事は「力 F-変位 s」のグラフの面積に等しい。

仕事の一般式
$W = Fs \times \cos\theta$

もっと詳しく

$|Ws_1| = |Fs_2|$

てこを使うと，力 F は物体の重さ W より小さいが，距離 s_2 は直接持ち上げる距離 s_1 より長くなり，結局仕事の量は同じ。

■ 重要公式 1-3
$$P = \frac{W}{t} \qquad t : かかった時間$$

②**仕事率と速さ**　一定の大きさ F〔N〕の力で物体を動かす。速さ v〔m/s〕は単位時間の移動距離を表すから，力のする仕事率 P〔W〕は，

■ 重要公式 1-4
$$P = Fv$$

❷ 運動エネルギー　　教科書 p.96〜99

A エネルギー

①**エネルギー**　ある物体が他の物体に仕事をする能力をもっているとき，その物体はエネルギーをもっているという。エネルギーの単位にはジュール(J)を用いる。

B 運動エネルギー

①**運動エネルギー**　速さ v〔m/s〕で動く物体(質量 m〔kg〕)がもつエネルギー K〔J〕のこと。

■ 重要公式 2-1
$$K = \frac{1}{2}mv^2$$

C 運動エネルギーの変化と仕事

①**運動エネルギーの変化と仕事**　物体が仕事をされると，その仕事の量だけ物体の運動エネルギーが変化する。質量 m〔kg〕の物体に W〔J〕の仕事をして，速さが v_0〔m/s〕から v〔m/s〕に変化したとすると，

■ 重要公式 2-2
$$\frac{1}{2}mv^2 - \frac{1}{2}mv_0^2 = W$$

> 📝テストに出る
> 物体は負の仕事をされると，運動エネルギーが減少する。

❸ 位置エネルギー　　教科書 p.100〜103

A 重力による位置エネルギー

①**重力による位置エネルギー**　ある高さ(この基準を通る水平面を基準面という)から高さ h〔m〕の位置にある質量 m〔kg〕の物体がもつエネルギー U〔J〕のこと。

> ⚠ここに注意
> 基準面はどこでもよい。

■ **重要公式 3-1**
$$U = mgh$$

②**位置エネルギーの変化**　ある2点間をゆっくりと物体が移動
したときの重力による位置エネルギーの変化は，重力に逆ら
って加えた力のした仕事に等しい。

B 弾性力による位置エネルギー

①**弾性力による位置エネルギー**　ばねが自然の長さから x〔m〕
伸びたり縮んだりしたときに，自然の長さに戻ろうとする弾
性力は仕事をすることができ，蓄えられたエネルギーを弾性
力による位置エネルギー（または弾性エネルギー）という。

■ **重要公式 3-2**
$$U = \frac{1}{2}kx^2 \qquad k：ばね定数$$

④ 力学的エネルギーの保存　　教科書 p.104〜113

A 力学的エネルギー

①**力学的エネルギー**　位置エネルギーと運動エネルギーの和。

B 力学的エネルギーの保存

①**落体の運動の場合**　ある基準からの高さが h_1〔m〕から h_2〔m〕
まで落下し，速さが v_1〔m/s〕から v_2〔m/s〕に変化したとき，
力学的エネルギーは保存される。

■ **重要公式 4-1**
$$\frac{1}{2}mv_1{}^2 + mgh_1 = \frac{1}{2}mv_2{}^2 + mgh_2$$

m：質量　g：重力加速度の大きさ

②**振り子の運動の場合**　振り子の運動のとき，おもりには
重力以外に糸の張力がはたらいているが，糸の張力はお
もりの運動方向に対して常に垂直であるため，おもりに
仕事をしない。仕事をする力は重力だけなので，力学的
エネルギーは保存される。

③**なめらかな曲面上の運動の場合**　なめらかな曲面上を運動す
る場合，垂直抗力は運動方向に垂直なので仕事はしない。重
力だけが仕事をするので，力学的エネルギーは保存される。

教科書の整理　第3章

もっと詳しく
$mg(h_1 - h_2)$
が重力のした
仕事になる。

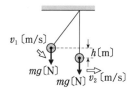
重力のした仕事
mgh〔J〕

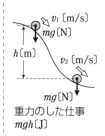
重力のした仕事
mgh〔J〕

④**水平ばね振り子の場合**　ばねに質量mの物体をつなぎ，なめらかな水平面上で，ばねの伸び（縮み）がx_1のとき物体の速さがv_1となり，x_2のとき速さがv_2となるとすると，力学的エネルギーは次のように保存される。

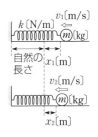

■ **重要公式 4-2**
$$\frac{1}{2}mv_1{}^2 + \frac{1}{2}kx_1{}^2 = \frac{1}{2}mv_2{}^2 + \frac{1}{2}kx_2{}^2 \qquad k：ばね定数$$

⑤**力学的エネルギー保存の法則**　仕事をする力が重力と弾性力のとき，力学的エネルギーは保存される。

■ **重要公式 4-3**
$$K+U＝一定 \qquad K：運動エネルギー \quad U：位置エネルギー$$

C 保存力と力学的エネルギーの保存

①**保存力**　物体を移動させたとき，力のする仕事が途中の経路によらないで決まる場合，その力を保存力という。重力や弾性力などは保存力である。

②**保存力による位置エネルギー**　保存力に逆らって加えた力がする仕事の量を，基準面（点）に対するある位置での保存力による位置エネルギーという。

③**力学的エネルギーが保存される場合**　仕事をする力が保存力だけのとき，力学的エネルギーは保存される。

D 保存力以外の力が仕事をする場合

①**力学的エネルギーが保存されない場合（動摩擦力がはたらく場合）**　高さh_1〔m〕の位置から質量m〔kg〕の物体にあらい斜面に沿って下向きに大きさv_1〔m〕の初速度を与えた。物体は大きさF〔N〕の動摩擦力を受けて，s〔m〕だけすべって高さh_2〔m〕での速さがv_2〔m/s〕になったとする。動摩擦力など非保存力が仕事をすると，その仕事の量だけ力学的エネルギーが変化する。

垂直抗力（大きさ N）は仕事をしない。

■ **重要公式 4-4**
$$\left(\frac{1}{2}mv_2{}^2 + mgh_2\right) - \left(\frac{1}{2}mv_1{}^2 + mgh_1\right) = -Fs$$

もっと詳しく

動摩擦力の仕事による力学的エネルギーの減少分は熱などになる。全エネルギーを考えると，いかなる変化においてもエネルギーは保存される。

実験・やってみようのガイド

教科書 p.94　やってみよう　階段をかけ上がるときの仕事率

ガイド　まず，巻尺で１階分の高さを測り，かけ上がる階数分をかけて，高さ h〔m〕を計算する。また，体重計を用いて自分の質量 m〔kg〕を測定する。

次に，ストップウォッチを用いて高さ h〔m〕までかけ上がるのに要する時間 t〔s〕を測定する。重力加速度の大きさを g〔m/s²〕とすると，仕事率 P〔W〕は

$$P = \frac{mgh}{t}$$ で与えられる。

教科書 p.97　実験　2. 運動エネルギー

ガイド　**方法**　① ばねばかりでものさしを水平に引っ張って動かすときの力の大きさ f〔N〕を測定する。f は，台車がものさしに衝突してから止まるまでの間に台車がものさしを押す力の大きさと等しい。

思考力UP↑

速さ v〔m/s〕は，記録テープの打点間隔を，打点する時間で割って求める。

②③ 台車がものさしに衝突してから止まるまでにものさしを押した距離 s〔m〕と，衝突前の台車の速さ v〔m/s〕は，記録テープの解析から求めることができる。s〔m〕は，ものさしからも読み取ることができる。

考察　速さ v で運動していた台車はものさしに fs の仕事をして静止するので，衝突前に台車がもっていた運動エネルギーは fs に等しいことがわかる。また，得られたデータから描いた fs-v^2 グラフより，$fs = kv^2$ の関係があることがわかる（k はグラフの直線の傾き）。すなわち，衝突前

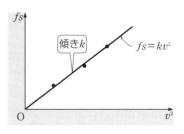

の台車の運動エネルギーは kv^2 と表され，速さの２乗に比例することがわかる。

台車の質量 m を変えて実験すると，k と m の関係を調べることができる。理論値は $k = \dfrac{1}{2}m$ である。衝突前の台車の運動エネルギーは $\dfrac{1}{2}mv^2$ と表される。

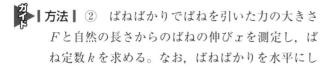

p.107　**実験**　**3. 力学的エネルギーの保存**

|方法|　②　ばねばかりでばねを引いた力の大きさ F と自然の長さからのばねの伸び x を測定し，ばね定数 k を求める。なお，ばねばかりを水平にしてあらかじめ目盛りの0点を調整しておく。

> **思考力UP↑**
>
> ばね定数 k は，フックの法則「$F=kx$」より求める。

④⑤　ばねを自然の長さにしたときのおもりの位置にものさしの0 cm の位置を合わせる。また，おもりは 30 cm だけ引っ張ってから静かにはなす。これらのことから，おもりが 20 cm の位置を通過するときの自然の長さからのばねの伸び x は 0.20 m（20 cm）である。同様に，10 cm，0 cm の位置を通過するときの自然の長さからのばねの伸び x はそれぞれ 0.10 m，0 m である。x がわかれば，②で求めたばね定数 k を用いて，それぞれの位置での弾性力による位置エネルギーを $\frac{1}{2}kx^2$ から計算することができる。

|処理|　速さ測定器の単位が km/h の場合は，測定値を m/s に換算する。 $1\,\text{km/h}=\frac{1}{3.6}\,\text{m/s}$ である。運動エネルギーと弾性力による位置エネルギーの和は，$\frac{1}{2}mv^2+\frac{1}{2}kx^2$ の式に各値を代入して計算する。

|考察|　理論的には，おもりの運動エネルギーと弾性力による位置エネルギーの和は一定である。実験結果の値から，そのことが確認できる。

p.109　**やってみよう**　**振り子の運動**

試してみると，おもりは手をはなしたときの高さまで上がることがわかる。おもりにはたらく力は重力と糸の張力であるが，糸の張力はおもりの運動に対して常に垂直にはたらくので仕事をせず，おもりに仕事をするのは重力だけである。そのため，力学的エネルギーは保存される。

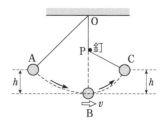

図のように，点Aから質量 m のおもりを静かにはなす場合も，点 A，C での重力による位置エネルギーは等しいので，点Cは点Aと同じ高さである。

問・類題のガイド

教科書
p.88
問 1

質量 5.0 kg の物体が自由落下している。この物体が 2.0 m だけ落下する間に，重力がした仕事はいくらか。ただし，重力加速度の大きさを 9.8 m/s^2 とする。

ポイント　仕事　$W = Fs\cos\theta$

解き方　5.0 kg の物体にはたらく重力は，鉛直下向きに大きさ

$$5.0\,\text{kg} \times 9.8\,\text{m/s}^2 = 49\,\text{N}$$

である。よって，重力のする仕事を W〔J〕とすると，

$$W = 49\,\text{N} \times 2.0\,\text{m} = 98\,\text{J}$$

答 98 J

教科書
p.89
問 2

水平面上に置いた物体に，水平方向から 60° だけ上向きに大きさ 5.0 N の一定の力 F を加え続けて，水平方向に 3.0 m だけ動かした。この間に，加えた力 F がした仕事はいくらか。

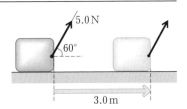

ポイント　仕事　$W = Fs\cos\theta$

解き方　力 F がした仕事を W〔J〕とすると，

$$W = 5.0\,\text{N} \times 3.0\,\text{m} \times \cos 60° = 7.5\,\text{J}$$

答 7.5 J

教科書
p.90
問 3

あらい水平面上を物体が運動している。物体にはたらく動摩擦力の大きさが 4.5 N のとき，物体が 2.0 m だけ動く間に動摩擦力がした仕事はいくらか。

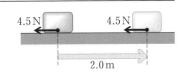

ポイント　力と変位のなす角 θ が $90° < \theta \leqq 180°$ で，仕事は負。

解き方　問題の図のように，物体は水平右向きに動き，動摩擦力は水平左向きにはたらいている。動摩擦力のする仕事を W〔J〕とすると，

$$W = 4.5\,\text{N} \times 2.0\,\text{m} \times \cos 180° = -9.0\,\text{J}$$

答 $-9.0\,\text{J}$

読解力UP↑
「あらい〜」とは，「摩擦力がはたらく」という意味である。

教科書 p.91　類題 1　あらい水平面上で，質量 $0.50\,\text{kg}$ の物体に水平方向に大きさ $3.0\,\text{N}$ の一定の力を加え続けて $5.0\,\text{m}$ だけ動かした。物体にはたらく合力のした仕事はいくらか。ただし，物体と水平面との間の動摩擦係数を 0.40 とし，重力加速度の大きさを $9.8\,\text{m/s}^2$ とする。

ポイント　合力のした仕事は，それぞれの力のした仕事の和。

解き方　水平面から物体にはたらく垂直抗力の大きさは，

$$0.50\,\text{kg} \times 9.8\,\text{m/s}^2 = 4.9\,\text{N}$$

なので，物体が動いているときにはたらく動摩擦力の大きさは，

$$0.40 \times 4.9\,\text{N} = 1.96\,\text{N}$$

合力がした仕事を W〔J〕とすると，動摩擦力は運動の向きとは逆向きにはたらき，鉛直方向にはたらく力はつり合っていて仕事は $0\,\text{J}$ であるから，

$$W = 3.0\,\text{N} \times 5.0\,\text{m} \times \cos 0° + 1.96\,\text{N} \times 5.0\,\text{m} \times \cos 180° = 5.2\,\text{J}$$

答 $5.2\,\text{J}$

教科書 p.92　問 4　傾きの角 $30°$ のなめらかな斜面に沿って荷物をゆっくりと引き上げる場合，斜面を使わずに荷物を直接同じ高さまでゆっくりと引き上げる場合と比べて，荷物を引く力の大きさと引く距離はそれぞれ何倍になるか。

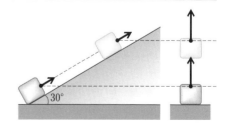

ポイント　仕事の原理より，なめらかな斜面を使っても仕事の量は同じ。

解き方 荷物の質量を m，重力加速度の大きさを g とすると，右図から，斜面に沿って荷物を引き上げる場合，重力の斜面に平行な成分は，斜面に沿って下向きに $mg\sin30° = \dfrac{1}{2}mg$ である。引く力はこれにつり合うので，引く力の大きさは直接引き上げる場合（力の大きさは mg）の 0.5 倍である。

また，斜面に沿って引き上げる距離 h' は，高さ h の $\dfrac{1}{\sin30°}=2$ 倍である。

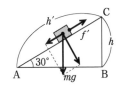

読解力UP↑

「ゆっくりと～」とは，「力がつり合った状態のまま動かしている」という意味である。

問・類題のガイド　第3章

答 力…0.5 倍，距離…2 倍

教科書 p.94 問5 リフトを使って，質量 500 kg の荷物を 4.0 m だけ高いところへ 20 s 間で持ち上げた。このリフトの仕事率はいくらか。ただし，重力加速度の大きさを $9.8\,\mathrm{m/s^2}$ とする。

ポイント

仕事率　$P=\dfrac{W}{t}$

解き方 物体にはたらく重力の大きさは $500\,\mathrm{kg}\times9.8\,\mathrm{m/s^2}$ で，これと同じ大きさの力で物体を持ち上げる。20 s 間にリフトがした仕事を W〔J〕とすると，「$W=Fs$」より，

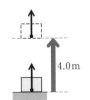

$$W = 500\,\mathrm{kg}\times9.8\,\mathrm{m/s^2}\times4.0\,\mathrm{m} = 1.96\times10^4\,\mathrm{J}$$

仕事率を P〔W〕とすると，「$P=\dfrac{W}{t}$」より，

$$P = \frac{1.96\times10^4\,\mathrm{J}}{20\,\mathrm{s}} = 9.8\times10^2\,\mathrm{W}$$

答 $9.8\times10^2\,\mathrm{W}$

教科書
p.95
問 6

あらい水平面上で，物体を水平方向に大きさ 10 N の一定の力で引き続けたところ，物体は 2.0 m/s の一定の速さで動き続けた。このとき，引く力の仕事率はいくらか。また，この仕事率で 40 s 間だけ仕事をしたとき，引く力の仕事の総量はいくらか。

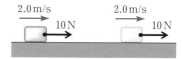

ポイント　**仕事率と速さ**　$P = Fv$

解き方　仕事率を P〔W〕とすると，「$P = Fv$」より，

$P = 10\,\text{N} \times 2.0\,\text{m/s} = 20\,\text{W}$

仕事を W〔J〕とすると，「$P = \dfrac{W}{t}$」より，

$20\,\text{W} = \dfrac{W}{40\,\text{s}}$

よって，$W = 20\,\text{W} \times 40\,\text{s} = 8.0 \times 10^{2}\,\text{J}$

答仕事率…**20 W**，仕事の総量…**8.0×10^{2} J**

教科書
p.97
問 7

質量 60 kg の人が速さ 10 m/s で走っているとき，この人のもつ運動エネルギーはいくらか。

ポイント　**運動エネルギー**　$K = \dfrac{1}{2}mv^{2}$

解き方　求める運動エネルギーを K〔J〕とすると，「$K = \dfrac{1}{2}mv^{2}$」より，

$K = \dfrac{1}{2} \times 60\,\text{kg} \times (10\,\text{m/s})^{2} = 3.0 \times 10^{3}\,\text{J}$

答3.0×10^{3} J

教科書 p.98
問 8

なめらかな水平面上を速さ 3.0 m/s で動いていた質量 2.0 kg の台車に力を加え続けたところ，速さは 4.0 m/s になった。この力がした仕事はいくらか。

ポイント　運動エネルギーの変化＝物体にした仕事

解き方　重力や垂直抗力は仕事をしないので，台車に仕事をしたのは加えた力だけである。力のした仕事を W〔J〕とすると，台車の運動エネルギーの変化は台車にした仕事に等しいので，

$$W = \frac{1}{2} \times 2.0\,\text{kg} \times (4.0\,\text{m/s})^2 - \frac{1}{2} \times 2.0\,\text{kg} \times (3.0\,\text{m/s})^2 = 7.0\,\text{J}$$

答 7.0 J

教科書 p.99
類題 2

質量 2.0 kg の物体をあらい水平面上に置き，大きさ 3.0 m/s の初速度を与えてすべらせると，1.5 m だけ進んで静止した。物体にはたらく摩擦力の大きさはいくらか。

ポイント　運動エネルギーの変化＝物体にした仕事

解き方　重力や垂直抗力は仕事をしないので，物体に仕事をしたのは摩擦力だけである。摩擦力のした仕事を W〔J〕とすると，物体の運動エネルギーの変化は物体にした仕事に等しいので，

$$W = \frac{1}{2} \times 2.0\,\text{kg} \times (0\,\text{m/s})^2 - \frac{1}{2} \times 2.0\,\text{kg} \times (3.0\,\text{m/s})^2 = -9.0\,\text{J}$$

摩擦力の大きさを F〔N〕とすると，「$W = Fs\cos\theta$」，$\theta = 180°$ より，

$$-9.0\,\text{J} = F \times 1.5\,\text{m} \times \cos 180°$$

よって，$F = \dfrac{-9.0\,\text{J}}{1.5\,\text{m} \times (-1)} = 6.0\,\text{N}$

答 6.0 N

問・類題のガイド　第3章

教科書 p.101
問 9

質量 2.0 kg の物体を，地上 3.0 m の高さから地上 5.0 m の高さまで上昇させた。この間での，重力による位置エネルギーの変化はいくらか。また，重力が物体にした仕事はいくらか。ただし，重力加速度の大きさを 9.8 m/s² とする。

ポイント

> ### 重力による位置エネルギーの変化
> ### ＝重力に逆らって加えた力の仕事

解き方

物体の重力による位置エネルギーの変化を ΔU〔J〕とすると，

$$\Delta U = 2.0\,\text{kg} \times 9.8\,\text{m/s}^2 \times (5.0\,\text{m} - 3.0\,\text{m}) = 39.2\,\text{J} \fallingdotseq 39\,\text{J}$$

重力がした仕事を W〔J〕とすると，重力による位置エネルギーの変化は，2点間をゆっくりと移動させるのに重力に逆らって加えた仕事に等しく，

$$\Delta U = -W \qquad \text{よって，} \quad W \fallingdotseq -39\,\text{J}$$

答 重力による位置エネルギーの変化…39 J，物体にした仕事…−39 J

教科書 p.103
類題 3

なめらかな水平面上で，ばね定数 4.0 N/m のばねの一端を固定し，他端に台車を取りつけ，ばねを自然の長さから 0.40 m だけ押し縮めて静かにはなした。台車が動いて，ばねが自然の長さから 0.20 m だけ伸びた状態になるまでの間に，ばねの弾性力が台車にした仕事はいくらか。

ポイント

> ### 弾性力による位置エネルギーの減少量
> ### ＝弾性力がした仕事

解き方

ばねの弾性力が台車にした仕事を W〔J〕とすると，弾性力による位置エネルギーが減少した分だけ，弾性力は台車に仕事をしているので，

読解力UP↑
「静かにはなした」とは，「初速 0 で運動を始めた」という意味である。

$$W = \frac{1}{2} \times 4.0\,\text{N/m} \times (0.40\,\text{m})^2 - \frac{1}{2} \times 4.0\,\text{N/m} \times (0.20\,\text{m})^2$$

$$= 0.24\,\text{J}$$

答 0.24 J

問・類題のガイド　第３章

教科書 p.105 問 10　地面より高さ 2.5 m のところから小球を自由落下させた。力学的エネルギー保存の法則を用いて，小球が地面に衝突する直前の速さを求めよ。ただし，重力加速度の大きさを 9.8 m/s² とする。

ポイント　運動エネルギー＋重力による位置エネルギー＝一定

解き方　地面を重力による位置エネルギーの基準面とし，地面に衝突する直前の小球の速さを v〔m/s〕，小球の質量を m〔kg〕とする。自由落下し始めたときと地面に衝突する直前について，力学的エネルギー保存の法則より，

$$0 \text{ J} + m \times 9.8 \text{ m/s}^2 \times 2.5 \text{ m} = \frac{1}{2}mv^2 + 0 \text{ J}$$

$v > 0$ m/s なので，$v = \sqrt{2 \times 9.8 \times 2.5} \text{ m/s} = \sqrt{49} \text{ m/s} = 7.0 \text{ m/s}$

答 7.0 m/s

教科書 p.105 問 11　最下点より高さ 40 m のところを出発したジェットコースターが，最下点を通過するときの速さはいくらか。ただし，ジェットコースターにはたらく摩擦や空気抵抗は無視できるものとし，重力加速度の大きさを 9.8 m/s² とする。

ポイント　摩擦や空気抵抗が無視できるとき，力学的エネルギーは保存される。

解き方　最下点を重力による位置エネルギーの基準面にとる。また，ジェットコースターの質量を m〔kg〕とする。最下点での速さを v〔m/s〕とすると，力学的エネルギー保存の法則より，

$$0 \text{ J} + m \times 9.8 \text{ m/s}^2 \times 40 \text{ m} = \frac{1}{2}mv^2 + 0 \text{ J}$$

$v > 0$ m/s なので，$v = \sqrt{2 \times 9.8 \times 40} \text{ m/s} = \sqrt{49 \times 16} \text{ m/s} = 28 \text{ m/s}$

答 28 m/s

教科書 p.109 問 12　なめらかな水平面上で，ばね定数 12 N/m のばねの一端を固定し，他端に質量 1.0 kg のおもりを取りつける。このばねが自然の長さより 0.20 m だけ伸びるまでおもりを引っ張り，静かにはなした。ばねが自然の長さより 0.10 m だけ縮んだときのおもりの速さはいくらか。

ポイント　運動エネルギー＋弾性力による位置エネルギー＝一定

問・類題のガイド　第 3 章

解き方　ばねが自然の長さより 0.10 m だけ縮んだときのおもりの速さを v〔m/s〕とする。はなした直後の運動エネルギーは 0 J なので，力学的エネルギー保存の法則より，

$$0\ \mathrm{J}+\frac{1}{2}\times 12\ \mathrm{N/m}\times(0.20\ \mathrm{m})^2=\frac{1}{2}\times 1.0\ \mathrm{kg}\times v^2+\frac{1}{2}\times 12\ \mathrm{N/m}\times(0.10\ \mathrm{m})^2$$

$v>0$ m/s なので，$v=0.60$ m/s

答 0.60 m/s

教科書 **p.111** **問 13**　質量 2.0 kg の物体をあらい水平面上に置き，大きさ 7.0 m/s の初速度を与えた。このときの運動エネルギーと，物体が 5.0 m だけ動いたときの運動エネルギーは，それぞれいくらか。ただし，物体と水平面との間の動摩擦係数を 0.30 とし，重力加速度の大きさを 9.8 m/s² とする。

ポイント　┃力学的エネルギーの変化＝保存力以外の力がした仕事┃

解き方　初速度を与えたときの運動エネルギーを K〔J〕とすると，

「$K=\dfrac{1}{2}mv^2$」より，

$$K=\frac{1}{2}\times 2.0\ \mathrm{kg}\times(7.0\ \mathrm{m/s})^2=49\ \mathrm{J}$$

動摩擦力の大きさ F〔N〕は，「$F'=\mu'N$」より，

$$F=0.30\times 2.0\ \mathrm{kg}\times 9.8\ \mathrm{m/s}^2=5.88\ \mathrm{N}$$

動摩擦力がした仕事を W〔J〕とすると，

「$W=Fs\cos\theta$」，$\theta=180°$ より，

$$W=5.88\ \mathrm{N}\times 5.0\ \mathrm{m}\times\cos 180°$$
$$=-29.4\ \mathrm{J}$$

　物体が 5.0 m 動いたときの運動エネルギーを K'〔J〕とすると，動摩擦力のした仕事の量だけ力学的エネルギーが変化するから，

$$K'-K=W$$

したがって，

$$K'=K+W=49\ \mathrm{J}-29.4\ \mathrm{J}=19.6\ \mathrm{J}\fallingdotseq 20\ \mathrm{J}$$

答 初速度を与えたとき…49 J，5.0 m だけ動いたとき…20 J

思考力UP↑

仕事とエネルギーの関係は，「運動エネルギーの変化＝すべての力がした仕事」，または「力学的エネルギーの変化＝保存力以外の力がした仕事」と表される。混乱しないようにしよう。

　傾きの角 60° のあらい斜面上で，質量 1.0 kg の物体に斜面に沿って上向きに初速度を与えると，物体は斜面に沿って距離 2.5 m だけすべり上がり，いったん静止した。この間に，物体の力学的エネルギーはどれだけ減少したか。ただし，物体と斜面との間の動摩擦係数を 0.40 とし，重力加速度の大きさを 9.8 m/s² とする。

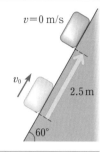

ポイント 　**力学的エネルギーの変化＝保存力以外の力がした仕事**

解き方　物体にはたらく垂直抗力の大きさを N〔N〕とすると，斜面に垂直な方向の力のつり合いより，

$$N - 1.0 \text{ kg} \times 9.8 \text{ m/s}^2 \times \cos 60° = 0 \text{ N}$$

よって，$N = 1.0 \text{ kg} \times 9.8 \text{ m/s}^2 \times \cos 60° = 4.9 \text{ N}$

　物体にはたらく動摩擦力の大きさは，「$F' = \mu'N$」より，

$$0.40 \times 4.9 \text{ N} = 1.96 \text{ N}$$

初速度を与えてから静止するまでに動摩擦力がした仕事を W〔N〕とすると，動摩擦力は運動の向きと逆向きにはたらくので，「$W = Fs\cos\theta$」，$\theta = 180°$ より，

$$W = 1.96 \text{ N} \times 2.5 \text{ m} \times \cos 180° = -4.9 \text{ J}$$

　物体の力学的エネルギーの変化を ΔE〔J〕とすると，力学的エネルギーの変化は保存力以外の力がした仕事に等しく，斜面に垂直な方向の力はつり合っていて仕事は 0 J なので，

$$\Delta E = W = -4.9 \text{ J}$$

したがって，力学的エネルギーは 4.9 J 減少する。

答 4.9 J

問・類題のガイド　第3章

章末問題・力だめしのガイド

教科書 p.114〜116

❶ **仕事**　　　　　　　　　　　　関連：教科書 p.91 例題 1，p.98，p.103 例題 3

ばね定数 4.9 N/m の軽いばねの一端を天井に取りつけ，他端に質量 0.10 kg の物体をつるす。ばねが自然の長さになるところで物体を手で支え，そこからゆっくりと手を下げていった。物体が手から離れるまでの間に，重力，弾性力，手で支える力が物体にした仕事は，それぞれいくらか。ただし，重力加速度の大きさを 9.8 m/s² とする。

ポイント　手が支える力の大きさ $N=0$ で，物体が手から離れる直前である。

解き方　手が物体から離れる直前の自然の長さからのばねの伸びを x[m] とすると，このときの物体にはたらく重力と弾性力がつり合っているから，

$$0.10 \text{ kg} \times 9.8 \text{ m/s}^2 - 4.9 \text{ N/m} \times x = 0 \text{ N}$$

よって，$x = 0.20$ m

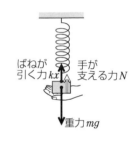
ばねが引く力 kx　手が支える力 N
重力 mg

手を 0.20 m 下げていくまでに重力がした仕事を W_1[J] とすると，

$$W_1 = (0.10 \text{ kg} \times 9.8 \text{ m/s}^2) \times 0.20 \text{ m}$$
$$= 0.196 \text{ J} \fallingdotseq 0.20 \text{ J}$$

弾性力がした仕事を W_2[J] とすると，弾性力 F の向きと変位の向きは逆向きなので W_2 は負であり，W_2 の大きさは右図の面積で表されるから，

$$W_2 = -\frac{1}{2} \times (4.9 \text{ N/m} \times 0.20 \text{ m}) \times 0.20 \text{ m}$$
$$= -9.8 \times 10^{-2} \text{ J}$$

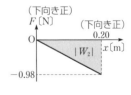

手で支える力がした仕事を W_3[J] とすると，力 N の向きと変位の向きは逆向きなので W_3 は負であり，W_3 の大きさは右図の面積で表されるから，

$$W_3 = -\frac{1}{2} \times (0.10 \text{ kg} \times 9.8 \text{ m/s}^2) \times 0.20 \text{ m}$$
$$= -9.8 \times 10^{-2} \text{ J}$$

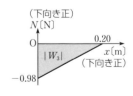

答　重力…0.20 J，弾性力…-9.8×10^{-2} J，手…-9.8×10^{-2} J

❷ 運動エネルギーの変化と仕事

関連：教科書 **p.99** 例題 **2**，**p.111**

　傾きの角 θ のあらい斜面上に質量 m の物体を置き，静かにはなすと物体はすべり出した。斜面に沿って距離 s だけすべりおりたところでの物体の速さはいくらか。ただし，物体と斜面との間の動摩擦係数を μ'，重力加速度の大きさを g とする。

ポイント　仕事＝力の大きさ×力の方向の変位
　　　　　力 F と変位 s のなす角を θ とすると，仕事 $W = Fs\cos\theta$
　　　　　運動エネルギーの変化＝物体にした仕事

解き方　重力がはたらく鉛直方向への移動距離は
$s\sin\theta$ であるから，重力がする仕事 W_1 は，

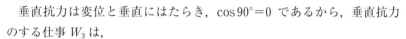

$$W_1 = mgs\sin\theta$$

　垂直抗力の大きさ $N = mg\cos\theta$ であるから，動摩擦力がする仕事 W_2 は，

$$W_2 = \mu'N s\cos 180° = \mu'mg\cos\theta \cdot s\cos 180°$$
$$= -\mu'mgs\cos\theta$$

　垂直抗力は変位と垂直にはたらき，$\cos 90° = 0$ であるから，垂直抗力のする仕事 W_3 は，

$$W_3 = 0$$

　「運動エネルギーの変化 ＝ 物体にした仕事」であるから，求める物体の速さを v とすると，

$$\frac{1}{2}mv^2 - \frac{1}{2}m \times 0^2 = W_1 + W_2 + W_3$$

$$\frac{1}{2}mv^2 = mgs\sin\theta - \mu'mgs\cos\theta$$

$v > 0$ なので，$v = \sqrt{2gs(\sin\theta - \mu'\cos\theta)}$

答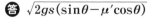

章末問題・力だめしのガイド　第3章

❸ 力学的エネルギーの保存

関連：教科書 p.105

　図のような形状をした，なめらかで同じ長さのレールが3本あり，各レールは直線部分を水平にして固定されている。この各レールの左端から，小物体に右向きに同じ初速を与えて運動させ，小物体がレールの右端に到達するまでの時間を測定した。到達時間が最も短いのはどのレールか。力学的エネルギーに着目して答えよ。

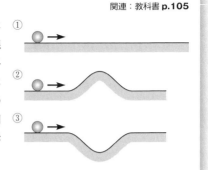

ポイント 　力学的エネルギーが保存されるので，重力による位置エネルギーが小さくなると，運動エネルギーが大きくなり，小物体は速くなる。

解き方 　水平な直線部分を重力による位置エネルギーの基準面とする。小物体は①，②，③で同じ初速を与えられたので，①，②，③での小物体の力学的エネルギーは等しい。

　②は直線部分よりも高い位置を通過するとき，重力による位置エネルギーが正になって運動エネルギーが小さくなり，①よりも遅くなる。したがって，①よりも到達時間は長い。

　③は直線部分よりも低い位置を通過するとき，重力による位置エネルギーが負になって運動エネルギーが大きくなり，①よりも速くなる。したがって，①よりも到達時間は短い。

　よって，③の到達時間が最も短い。

答 ③

❹ 力学的エネルギーの保存

関連：教科書 p.105, 112

図のように，なめらかな曲面上の点Aで小球を静かにはなすと，小球は曲面に沿って運動し，曲面の端の点Bから斜め上向きに飛び出した。飛び出した小球が到達する最高点Hの高さと，点Aの高さとの高さとの差はいくらか。ただし，点Hでの小球の速さを v とし，重力加速度の大きさを g とする。

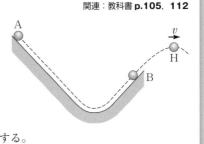

ポイント　斜面はなめらかで，斜面からの垂直抗力は仕事をしない。よって，力学的エネルギーが保存される。

解き方　右図のように，点A，点Hの高さをそれぞれ h_A，h_H とする。点Aでの力学的エネルギーは重力による位置エネルギーのみである。小球の質量を m として，力学的エネルギー保存の法則より，

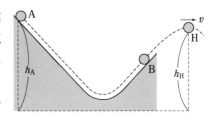

$$mgh_A = \frac{1}{2}mv^2 + mgh_H \qquad よって，\ h_A - h_H = \frac{v^2}{2g}$$

答 点Aより $\dfrac{v^2}{2g}$ だけ低い

❺ 力学的エネルギーの保存と変化

関連：教科書 p.106, 111

図のように，なめらかな水平面 AB 上で，ばね定数 4.9 N/m の軽いばねの一端を壁に固定し，他端に質量 0.10 kg の物体を押しつけ，自然の長さから 0.20 m だけばねを押し

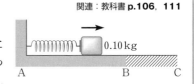

縮めて静かにはなした。重力加速度の大きさを 9.8 m/s² として，次の問いに答えよ。

(1) ばねから離れた直後の物体の速さはいくらか。

(2) 物体はばねから離れた後，あらい水平面 BC 上を進んで止まった。点Bから止まった位置までの距離はいくらか。ただし，物体とあらい水平面 BC との間の動摩擦係数を 0.50 とする。

ポイント ばねが自然の長さになったとき，物体はばねから離れる。
点Bを通過するまでは力学的エネルギーが保存され，点Bを通過した後
は動摩擦力のした仕事の量だけ力学的エネルギーが変化する。

解き方 (1) ばねが自然の長さになったときに押す力が0になり，物体はばねから
離れる。物体がばねから離れるまで，物体に仕事をするのは弾性力だけ
であるから，力学的エネルギーは保存される。求める速さを v〔m/s〕と
すると，ばねを0.20 mだけ縮めたときと物体がばねから離れるときで，
力学的エネルギー保存の法則より，

$$0 \text{ J} + \frac{1}{2} \times 4.9 \text{ N/m} \times (0.20 \text{ m})^2 = \frac{1}{2} \times 0.10 \text{ kg} \times v^2 + 0 \text{ J}$$

$v > 0$ m/s なので，$v = \sqrt{4.9 \times 0.40}$ m/s $= \sqrt{49 \times 0.040}$ m/s $= 1.4$ m/s

(2) 物体にはたらく垂直抗力の大きさを N〔N〕とすると，鉛直方向にはた
らく力のつり合いより，

$$N = 0.10 \text{ kg} \times 9.8 \text{ m/s}^2 = 0.98 \text{ N}$$

また，物体がBC上をすべっているときにはたらく動摩擦力の大きさ
を F'〔N〕とすると，

$$F' = 0.50 \times 0.98 \text{ N} = 0.49 \text{ N}$$

点Bから止まった位置までの距離を s〔m〕，動摩擦力が物体にした仕
事を W〔J〕とすると，

$$W = 0.49 \text{ N} \times s \times \cos 180° = -0.49 \text{ N} \times s$$

点Bを通過するまでは力学的エネルギーは保存されるので点Bを通過
する物体の速さは $v = 1.4$ m/s であり，点Bを通過後は動摩擦力が物体
にした仕事の量だけ力学的エネルギー（この場合は運動エネルギー）が
変化するので，

$$\frac{1}{2} m \times (0 \text{ m/s})^2 - \frac{1}{2} \times 0.10 \text{ kg} \times (1.4 \text{ m/s})^2 = -0.49 \text{ N} \times s$$

よって，$s = 0.20$ m

答 (1) **1.4 m/s** (2) **0.20 m**

力だめし

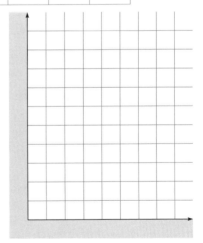

Ⓐ　図のように糸でつながれた力学台車 (質量 1.00 kg) とおもり (質量 0.312 kg) の運動を記録テープに記録した。この記録を 0.10 秒ごとに分析して，表の結果を得た。重力加速度の大きさを 9.80 m/s² として，以下の各問いに答えよ。

【実験】

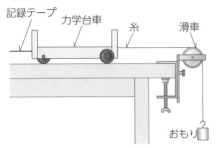

記録テープ　力学台車　糸　滑車

おもり

【結果】

時刻〔s〕	各区間の移動距離〔cm〕
0〜0.1	1.73
0.1〜0.2	3.71
0.2〜0.3	5.71
0.3〜0.4	7.70
0.4〜0.5	9.64
0.5〜0.6	11.59
0.6〜0.7	13.61

(1)　各区間の時刻の中央値 t に対応するそれぞれの区間の平均の速さ v を求め，下の表を完成させよ。

時刻 t〔s〕	0.05	0.15	0.25	0.35	0.45	0.55	0.65
速さ v〔m/s〕							

(2)　(1)で作成した表をもとに，v-t グラフを描け。また，そのグラフの特徴に関する以下の文章について，□□□に語句を入れて文章を完成させよ。ただし，① と ② は適する語句を選択肢から選ぶものとする。

〈v-t グラフの特徴〉
　描いた v-t グラフは，直線のグラフであり，傾きは ① ，切片は ② である。また，加速度は v-t グラフの ③ に等しい。

① と ② の選択肢：正，負，0

(3)　(1)の表を使って，この運動の加速度の大きさを求めよ。

Ⓑ　この運動をおもり，力学台車のそれぞれの運動方程式で考察する。

(4)　おもりの質量を m，力学台車の質量を M，糸が台車を引く力を T，重力加速度の大きさを g，おもりと力学台車の加速度の大きさを a として，おもり，力学台車のそれぞれの運動方程式を示せ。

(5)　実験の値，$M=1.00\,\text{kg}$，$m=0.312\,\text{kg}$，$g=9.80\,\text{m/s}^2$ を用いて，この運動方程式に基づいて求められる加速度の大きさ a と，糸が台車を引く力 T をそれぞれ求めよ。

c (3)で得られた加速度と，(4)の運動方程式で求めた a は一致しなかった。この原因として，速さによらず一定の大きさで力学台車にはたらく摩擦力が影響しているためと考えた。

(6)　おもりの質量を m，力学台車の質量を M，糸が台車を引く力を T'，力学台車にはたらく摩擦力の大きさを f，重力加速度の大きさを g，おもりと力学台車の加速度の大きさを a' として，おもり，力学台車のそれぞれの運動方程式を示せ。

(7)　(6)の運動方程式に基づき，加速度 a' が，(3)で求めた値であると考えて，力学台車にはたらく摩擦力の大きさ f を求めよ。

ポイント　　おもり，力学台車の運動方程式から加速度の大きさを求めるときは，糸の張力を消去する。

解き方　(1)　【結果】の移動距離の単位を m に換算して，区間の幅である 0.10 s で割ると，次のようになる。

時刻 t[s]	0.05	0.15	0.25	0.35	0.45	0.55	0.65
速さ v[m/s]	0.173	0.371	0.571	0.770	0.964	1.159	1.361

(2)　v–t グラフは右図のようになる。したがって，v–t グラフの傾きは正，切片も正である。また，加速度は v–t グラフの傾きに等しい。

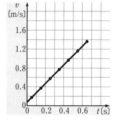

(3)　v–t グラフの傾きより，

$$a=\frac{1.361\,\text{m/s}-0.173\,\text{m/s}}{0.65\,\text{s}-0.05\,\text{s}}=1.98\,\text{m/s}^2$$

(4)　運動する向きをそれぞれ正として，おもりと力学台車の運動方程式は，

おもり：$ma=mg-T$　　……(A)

力学台車：$Ma=T$　　……(B)

(5)　(A)+(B)より，

$$(m+M)a=mg$$

a について解き，与えられた物理量を代入すると，

$$a=\frac{mg}{m+M}=\frac{0.312\,\text{kg}\times9.80\,\text{m/s}^2}{0.312\,\text{kg}+1.00\,\text{kg}}\fallingdotseq2.33\,\text{m/s}^2$$

(B)より，$T=Ma=1.00\,\text{kg}\times2.33\,\text{m/s}^2=2.33\,\text{N}$

(6)　運動する向きをそれぞれ正として，おもりと力学台車の運動方程式は，

力学台車には運動と逆向きに大きさ f の摩擦力がはたらくので，

おもり：$ma' = mg - T'$　……(C)

力学台車：$Ma' = T' - f$　……(D)

(7)　(C)＋(D)より，

$(m + M)a' = mg - f$

f について解き，与えられた物理量を代入すると，

$f = mg - (m + M)a'$

　$= 0.312\,\mathrm{kg} \times 9.80\,\mathrm{m/s^2} - (0.312\,\mathrm{kg} + 1.00\,\mathrm{kg}) \times 1.98\,\mathrm{m/s^2}$

　$\fallingdotseq 0.46\,\mathrm{N}$

答 (1)　**解き方** の表参照

(2)　グラフ…**解き方** の図参照，①　正，②　正，③　傾き

(3)　$1.98\,\mathrm{m/s^2}$　　(4)　おもり…$ma = mg - T$，力学台車…$Ma = T$

(5)　$2.33\,\mathrm{m/s^2}$，$2.33\,\mathrm{N}$

(6)　おもり…$ma' = mg - T'$，力学台車…$Ma' = T' - f$

(7)　$0.46\,\mathrm{N}$

章末問題・力だめしのガイド　第 3 章

第2部　熱

第1章　熱とエネルギー

教科書の整理

① 熱と温度

教科書 p.118〜123

A 温度

①**熱運動**　気体や液体中で微粒子が不規則な運動(ブラウン運動)をする。これは，気体や液体の原子や分子が激しく乱雑に運動して，微粒子に衝突するからである。このような原子や分子の乱雑な運動を熱運動という。

②**温度目盛り**　原子や分子の熱運動の激しさを表す物理量を温度といい，その表示には，セ氏温度(セルシウス温度，単位℃)がある。また，−273℃で原子・分子はほとんど熱運動をしなくなる。この温度を絶対零度とし，目盛り間隔はセ氏温度と同じにした温度の表示を絶対温度(熱力学温度)という。その単位はケルビン(K)である。

> **■重要公式 1-1**
> $T = t + 273$　　T：絶対温度　t：セ氏温度
> $-273℃ = 0\,K$, $0℃ = 273\,K$, $100℃ = 373\,K$

B 物質の三態と分子の熱運動

①**物質の三態**　物質には**固体・液体・気体**の３つの状態がある。固体・液体・気体を物質の三態という。物質の状態は，温度や圧力によって決まる。

②**融点と沸点**　物質が固体から液体に状態を変える温度を融点，液体から気体に状態を変える温度を沸点という。

C 内部エネルギー

①**内部エネルギー**　原子・分子の熱運動による運動エネルギーと原子間・分子間の力による位置エネルギーとを，すべての原子・分子について足し合わせたもの。

🔍もっと詳しく
固体中でも原子や分子は振動している。

🔍もっと詳しく
セ氏温度は，１気圧のもとでの水の融点を０℃，水の沸点を100℃として定めた。

📝テストに出る
気体の内部エネルギーは，気体の温度が高いほど大きくなる。

D 熱膨張

①**熱膨張**　一般に，温度が上がると，物質を構成する粒子の熱運動が活発になり，固体では各粒子の振動の中心の位置の間隔が広がり，液体・気体では分子間の間隔が広がる。これが熱膨張である。温度の変化に伴って，膨張したり収縮したりする。

② 熱 量

教科書 **p.124～131**

A 熱量と温度変化

①**熱量**　物体と外部との間を出入りして，温度変化や状態変化の原因となる熱運動のエネルギーを**熱**といい，その量を熱量という。熱量の単位には，仕事や運動エネルギーなどと同じくジュール(J)が用いられる。

②**熱容量**　物体の温度を 1 K だけ上昇させるのに必要な熱量。単位にはジュール毎ケルビン(J/K)が用いられる。

③**比熱(比熱容量)**　単位質量(例えば 1 g)の物質の温度を 1 K だけ上昇させるのに必要な熱量。単位には，ジュール毎グラム毎ケルビン(J/(g·K))が用いられる。

■ **重要公式 2-1** ────

$Q = C\Delta T = mc\Delta T \qquad C = mc$

Q：熱量　C：熱容量　m：質量　c：比熱　ΔT：温度変化

B 潜熱

①**潜熱**　固体から液体へ，また液体から気体へと変化しているときには，物質に熱を加えても温度は変化しない。物質の状態が三態(固体・液体・気体)の間で変化するとき，物質に出入りする熱を潜熱という。

②**融解熱**　固体から液体に変化しているときの温度を**融点**といい，単位質量(例えば 1 g)の固体を液体に変化させるときの潜熱を融解熱という。単位には，ジュール毎グラム(J/g)が用いられる。

📝**テストに出る**

例えば，0℃の固体の水(氷)1 g を 0℃の液体の水にするのに必要な熱量が水の融解熱。

③**蒸発熱**　液体が沸騰して気体に変化しているときの温度を**沸点**といい，単位質量の液体を気体に変化させるときの潜熱を蒸発熱という。蒸発熱の単位には，ジュール毎グラム（J/g）が用いられる。

■ **重要公式 2-2**

$Q=mL$　　Q：加えた熱量　m：質量　L：融解熱・蒸発熱

C　熱の移動と熱平衡

①**熱平衡**　温度の異なる2物体を接触させておくと，温度が等しくなる。この状態を熱平衡という。

②**熱量の保存**　2物体を接触させたり，混合させたりしたとき，高温物体から出た熱量は，低温物体に入った熱量に等しい。この関係を熱量の保存という。

③**熱の移動の仕方**　物体の内部で分子が熱運動をして隣の分子に衝突し，隣の分子をより激しく動かすことによって熱が移動する現象を**熱伝導**という。また，液体や気体が流動して熱が移動する現象を**対流**という。物体が光や赤外線などの電磁波を出すことにより，エネルギーが周りに移動する現象を**熱放射**という。

❸ 熱と仕事の変換
教科書 p.132～141

A　仕事と熱運動のエネルギー

①**仕事から熱への転化**　物体を加熱する以外にも，仕事や運動エネルギーを熱に変えて温度を上昇させることができる。

②**熱力学第1法則**　気体に加えられた（気体が吸収した）熱量 Q〔J〕は，気体の内部エネルギーの変化 ΔU〔J〕と，気体が外部にした仕事 W〔J〕との和に等しい。また，気体が外部からされた仕事を w〔J〕とすると，$w=-W$ の関係がある。

■ **重要公式 3-1**

$Q=\Delta U+W$　　または，$\Delta U=Q+w$

教科書の整理　第1章

⚠️**ここに注意**

気体に加えられた熱量を Q とするので，気体が熱を放出した場合は $Q<0$ となる。同様に，内部エネルギーの変化（増加）を ΔU とするので，内部エネルギーが減少した場合は $\Delta U<0$ となり，外部にした仕事を W とするので，外部から仕事をされた場合は $W<0$ となる。

③ **発展** **ボイルの法則**　一定質量の気体の温度を一定にして変化させたとき，圧力 p と体積 V は反比例する。

■ **重要公式 3-2**
$$V=\frac{k_1}{p}\quad\text{または，}\quad pV=k_1\quad k_1：比例定数$$

④ **発展** **シャルルの法則**　一定質量の気体の圧力を一定にして変化させたとき，体積 V は絶対温度 T に比例する。

■ **重要公式 3-3**
$$V=k_2T\quad k_2：比例定数$$

⑤ **発展** **ボイル・シャルルの法則**　ボイルの法則とシャルルの法則をまとめると，次のようになる。

■ **重要公式 3-4**
$$V=k\frac{T}{p}\quad\text{または，}\quad\frac{pV}{T}=k\quad k：比例定数$$

⑥ **発展** **理想気体**　ボイル・シャルルの法則が正確に成り立つ気体。

⑦ **発展** **定圧変化**　気体の圧力 p を一定にして，温度や体積を変化させることを定圧変化という。このとき，シャルルの法則が成り立つ。気体のする仕事 $W=p\Delta V$〔J〕になる。

⑧ **発展** **定積変化**　気体の体積を一定にして，圧力や温度を変化させることを定積変化という。仕事 $W=0$ だから，熱力学第1法則より $Q=\Delta U$ である。

⑨ **発展** **等温変化**　気体の温度を一定にして，圧力や体積を変化させることを等温変化という。$\Delta T=0$ より，$\Delta U=0$ となり，$Q=W$ である。ボイルの法則が成り立つ。

⑩ **発展** **断熱変化**　気体に外部からの熱の出入りがない状態での変化を断熱変化という。$Q=0$ より，$0=\Delta U+W$ である。

🔍**もっと詳しく**

気体は，温度が1℃上昇するごとに体積が0℃のときの体積の $\frac{1}{273}$ ずつ増加する。

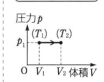

教科書の整理　第1章

B 熱機関

①**熱機関**　与えられた熱で仕事をする装置。

②**熱効率**　高温の物体から熱機関に与えられた熱量を Q_1〔J〕，低温の物体に熱機関が放出した熱量を Q_2〔J〕，熱機関のした仕事を W'〔J〕としたとき，$Q_1-Q_2=W'$ であるから，熱効率 e は，

■ 重要公式 3-5

$$e=\frac{W'}{Q_1}=\frac{Q_1-Q_2}{Q_1}\quad(0<e<1)$$

⚠ここに注意
熱効率は％で表すこともある。

C エネルギーの変換と保存

①**エネルギー保存の法則**　エネルギーにはいろいろな種類があり，互いに移り変わることができる。どのような種類のエネルギーに変わっても，エネルギーの総量は増減せず，保存される。これをエネルギー保存の法則という。

②**永久機関**　エネルギーを与えなくても仕事をする機械を第一種永久機関という。永久機関を作ることはできない。

D 不可逆変化

①**不可逆変化**　高温物体と低温物体を接触させておくと，ひとりでに熱が高温物体から低温物体に移動するが，ひとりでに熱が逆向きに移動することはない。このように，ひとりでに逆向きに進むことがない変化を，不可逆変化という。

もっと詳しく
熱の関わる現象は不可逆変化である。

② **発展 熱力学第2法則**　不可逆変化では，秩序ある状態から平均化した無秩序な状態への向きにしか変化は進行しない。この不可逆変化の向きを表す法則を，熱力学第2法則という。熱力学第2法則の表現にはいろいろなものがあるが，その1つに「与えられた熱のすべてを仕事に変換する熱機関（第二種永久機関）は存在しない」という表現がある。

実験・やってみようのガイド

| 教科書 p.118 | 🧪 やってみよう | ブラウン運動 |

ガイド　微粒子が震えていたり，不規則に揺れ動いていたりする活発なブラウン運動が観察できる。微粒子の大きさには差があり，大きいものから小さいものまである。

| 教科書 p.122 | 🧪 やってみよう | 電熱線の熱膨張 |

ガイド　ニクロム線や鉄クロム線などの電熱線に電流が流れると熱が発生し，電熱線の温度は上昇する。一般に，固体の温度が上昇すると，固体を構成する粒子（分子や原子，イオン）の熱運動が活発になり，各粒子の振動の中心の位置が広がる。私たちは，これを固体の熱膨張として観察する。電熱線も，温度が上昇すると膨張して長くなり，温度が元に戻ると長さは元に戻る。

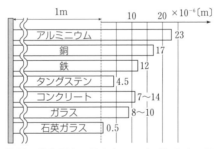

物質の線膨張率　温度を 1 K 上げたとき，長さ 1 m の部分に生じる伸びを示している。

> 教科書
> p.129　🧪 実　験 ┃ **4. 比熱の測定**

🐤ガイド

│処理┃ 銅の比熱と銅製容器と銅製かくはん棒の質量から，銅製容器と銅製か
くはん棒の熱容量 C_1〔J/K〕を求め，水の比熱と質量から水の熱容量 C_W
〔J/K〕を求める。さらに温度変化 ΔT_1〔℃〕がわかっているので，銅製容器
と銅製かくはん棒と水が得た熱量 Q_1〔J〕は，

$$Q_1 = (C_1 + C_W)\Delta T_1 〔J〕$$

となる。一方，金属球の質量 m〔g〕と金属球の温度変化 ΔT_2〔℃〕がわかっ
ているので，金属球の比熱を c〔J/(g・K)〕とすると，熱量計と外部との熱
の出入りがないと仮定したとき，金属球が放出した熱量を Q_1〔J〕として，

$$Q_1 = mc\Delta T_2 〔J〕$$

したがって，

$$c = \frac{Q_1}{m\Delta T_2} = \frac{(C_1 + C_W)\Delta T_1}{m\Delta T_2} 〔J/(g・K)〕 \quad \cdots\cdots(A)$$

と求めることができる。

│考察┃ 比熱 c の値から金属の種類を推定する。ただし，実際にはさまざまな
原因で誤差が生じる。

　銅製容器に入れる前，金属球の表面の温度は室温より高いので，金属球
から熱が逃げる。この場合，Q_1 は金属球が放出した熱量より小さくなる
ので，(A)式より比熱 c も実際より小さくなる。

　また，金属球の表面が湯にぬれたままだと，銅製容器に入れたとき，湯
の放出した熱量の分だけ Q_1 が大きくなり，(A)式より比熱 c も実際より大
きくなる。

　水の温度が室温より低いと外気からも熱を吸収するため，Q_1 は金属球
から吸収した熱量より大きくなる可能性があり，(A)式より比熱 c も実際よ
り大きくなる。一方，水の温度が室温より高いと，比熱 c は実際より小さ
くなる。

　温度計の熱容量が無視できないとき，温度計も熱を吸収して Q_1 は金属
球から吸収した熱量よりも小さくなる可能性があり，(A)式より比熱 c も実
際より小さくなる。

教科書 p.135 🧪 実 験　5. 仕事と熱の関係

│方法│ ④　1 回の落下あたりに重力がする仕事は小さいので，温度上昇を観測するためには，50 回程度は落下させる必要がある。テニスボールで完全に断熱することはできないので，外部との熱の出入りを少なくするため，落下させる動作は素早く行う。

⑤　n 回落下させた直後の温度を測るのは難しいので，落下直後から時間を測定し始め，20 s ごとに粒状鉛の温度を測定する。落下直後からの時間と温度の関係をグラフに表して，落下直後（時間 0）での温度を推定する。

│処理│ ①②　縦軸に粒状鉛の温度，横軸に n 回落下させた直後からの時間をとったグラフを描き，グラフを時間 0 まで延長して，時間 0 での温度を推定する。この温度から落下させる前の温度を引くと，温度上昇がわかる。

③　粒状鉛の質量を m〔kg〕，n 回落下させた間の温度上昇を ΔT〔K〕，鉛の比熱 $c=0.129$ J/(g·K) とすると，発生した熱量 Q〔J〕は，

$$Q=mc\Delta T$$

から求めることができる。

│考察│ ①　落下させる点の床からの高さを h〔m〕，重力加速度の大きさを g〔m/s²〕とすると，n 回落下させた際に重力がした仕事 W〔J〕は，

$$W=mgh\times n$$

から求めることができる。この W と発生した熱量 Q を比較する。

②　実験において，n 回落下させた際に重力がした仕事 W と発生した熱量 Q が一致することは難しい。その主因は，実験中の放熱である。何回も落下させる操作を繰り返すので時間がかかり，その間に熱が外部に逃げてしまうことである。そのため，$W>Q$ となってしまう。また，落下させた直後の温度をグラフから推定するときにも誤差が生じる。

教科書 p.140 やってみよう **水飲み鳥**

　水飲み鳥の頭部と腹部は管でつながれ，密閉されている。内部は空気が抜かれ，水に比べて沸点の低い液体(以下，内部液体)が入っていて，一部は蒸発して気体になっている。頭部は水をよく吸収するもので覆われている。また，管の中央付近を支点として，回転できるようになっている。

　最初，教科書 p.140 の図の左側のように，鳥のくちばしがコップの水につくようにすると，管の下部は内部液体の外に出るため，頭部にあった内部液体は下へ流れ出る。このため，手をはなすと，重い腹部側が下がって反時計回りに回転し，図の右側のように元に戻る。

　くちばしは水でぬれていて，この水が蒸発するとき，頭部にある気体となっている内部液体から熱を奪う。このため，頭部の気体は冷えて，一部は液体になり，頭部の気体の圧力は腹部の気体の圧力より小さくなり，内部液体は管を伝わって上部に移動する。すると，頭部側の液体が増えて頭部側が重くなり，時計回りに回転して図の左側のようにくちばしが水につかる。以降は，このような往復の回転が繰り返される。

　水飲み鳥の往復運動では，くちばしでの水の蒸発が重要な要素である。コップの水の温度を高くすると，頭部の気体の温度は下がりにくくなる。

　腹部をあたためると，腹部の気体の圧力が増し，より速く内部液体は管を伝わって上部に移動するようになる。

　コップの水をエタノールに変えると，エタノールの蒸発熱は水の蒸発熱より小さいが素早く蒸発するので，頭部の気体の温度が素早く下がるようになる。

　全体を透明な容器で覆うと，容器内の水蒸気が多くなっていき，くちばしの水が蒸発しにくくなる。

問・類題のガイド

教科書 p.119 問 1

ヒトの体温はおよそ37℃である。これを絶対温度で表すと何Kか。

ポイント | 絶対温度＝セ氏温度＋273

解き方 絶対温度 T〔K〕は，$T=(37+273)\text{K}=310\text{ K}$

答 310 K

教科書 p.125 問 2

100 g の水の温度を 20℃ から 80℃ にするのに必要な熱量を測定すると，2.5×10^4 J であった。この結果から水の比熱を求めよ。

ポイント | 熱量＝質量×比熱×温度変化

解き方 水の比熱を c〔J/(g·K)〕とすると，「$Q=mc\varDelta T$」より，

2.5×10^4 J$=100$ g$\times c\times(80-20)$K

よって，$c=4.16\cdots$ J/(g·K)$\fallingdotseq4.2$ J/(g·K)

答 4.2 J/(g·K)

教科書 p.125 問 3

質量 100 g の銅製の容器に水が 80 g 入っている。銅の比熱を 0.38 J/(g·K)，水の比熱を 4.2 J/(g·K) として，全体の熱容量を求めよ。

ポイント | 熱容量＝質量×比熱

解き方 容器と水の全体としての熱容量を C〔J/K〕とすると，「$C=mc$」より，

$C=100$ g$\times0.38$ J/(g·K)
$\qquad+80$ g$\times4.2$ J/(g·K)
$\quad=374$ J/K$\fallingdotseq3.7\times10^2$ J/K

答 3.7×10^2 J/K

思考力UP↑

全体の熱容量を求めるときは，まずそれぞれの熱容量を計算して，和を求める。

教科書
p.127
問 4

　一定量の100℃の水を１気圧ですべて蒸発させるための熱量は，同量の水を０℃から100℃にするための熱量の何倍か。図８中の値を用いて答えよ。

ポイント

> **熱量と温度変化**　$Q = mc\Delta T$
> **蒸発熱**　$Q = mL$

解き方　　１気圧の水 m〔g〕を100℃ですべて蒸発させるときの熱量を Q_1〔J〕とすると，教科書 p.126 図８と「$Q = mL$」より，

$$Q_1 = 2257 \text{ J/g} \times m = 2257m \text{〔J〕}$$

　また，０℃の水 m〔g〕を100℃にするための熱量を Q_2〔J〕とすると，図８と「$Q = mc\Delta T$」より，

$$Q_2 = m \times 4.2 \text{ J/(g·K)} \times (100-0)\text{K} = 420m \text{〔J〕}$$

　よって，$\dfrac{Q_1}{Q_2} = \dfrac{2257m}{420m} \fallingdotseq 5.4$

答 5.4 倍

教科書
p.127
問 5

　−5.0℃の氷 10 g がある。これを 20℃の水にするのに必要な熱量はいくらか。図８中の値を用いて答えよ。

ポイント

> **熱量と温度変化**　$Q = mc\Delta T$
> **融解熱**　$Q = mL$

解き方　　−5.0℃の氷 10 g を０℃にするのに必要な熱量を Q_1〔J〕とすると，教科書 p.126 図８から氷の比熱は 2.1 J/(g·K) だから，「$Q = mc\Delta T$」より，

$$Q_1 = 10 \text{ g} \times 2.1 \text{ J/(g·K)} \times \{0-(-5.0)\}\text{K} = 105 \text{ J}$$

　０℃の氷 10 g をすべて液体の水にするのに必要な熱量を Q_2〔J〕とすると，図８から水の融解熱は 334 J/g だから，「$Q = mL$」より，

$$Q_2 = 10 \text{ g} \times 334 \text{ J/g} = 3340 \text{ J}$$

　０℃の液体の水 10 g をすべて 20℃にするのに必要な熱量を Q_3〔J〕とすると，図８から水の比熱は 4.2 J/(g·K) だから，「$Q = mc\Delta T$」より，

$$Q_3 = 10 \text{ g} \times 4.2 \text{ J/(g·K)} \times (20-0)\text{K} = 840 \text{ J}$$

　よって，求める熱量を Q〔J〕とすると，

$$Q = Q_1 + Q_2 + Q_3 = 105 \text{ J} + 3340 \text{ J} + 840 \text{ J} = 4285 \text{ J} \fallingdotseq 4.3 \times 10^3 \text{ J}$$

答 4.3×10^3 J

教科書 p.128
問 6

断熱材で囲まれた容器に 20 ℃の水が 100 g 入っている。この中へ 80 ℃の水 40 g を入れて混ぜた。熱平衡に達したときの温度は何℃か。ただし，容器の熱容量は無視できるものとする。

ポイント　**高温の物体から出た熱量＝低温の物体に入った熱量**

解き方　熱平衡に達したときの全体の温度を T〔℃〕，水の比熱を c〔J/(g·K)〕とする。20℃の水 100 g が吸収した熱量 Q_1〔J〕は，「$Q=mc\Delta T$」より，

$$Q_1=100\,\text{g}\times c\times(T-20\text{℃})=100c(T-20)\,〔\text{J}〕$$

また，80℃の水 40 g が放出した熱量 Q_2〔J〕は，「$Q=mc\Delta T$」より，

$$Q_2=40\,\text{g}\times c\times(80\text{℃}-T)=40c(80-T)\,〔\text{J}〕$$

熱量の保存より，$Q_1=Q_2$ だから，

$$100c(T-20)=40c(80-T)\qquad よって，T\fallingdotseq37\text{℃}$$

答 37℃

教科書 p.130
類題 1

断熱材で囲まれた容器に 20 ℃の水が 100 g 入っている。この中へ 80 ℃の水 40 g を入れて混ぜた。熱平衡に達したときの温度は 34 ℃であった。容器の熱容量はいくらか。ただし，水の比熱を 4.2 J/(g·K) とする。

断熱材

ポイント　**高温の物体から出た熱量＝低温の物体に入った熱量**

解き方　容器の熱容量を C〔J/K〕とする。20℃の容器と水 100 g が吸収した熱量を Q_1〔J〕とすると，「$Q=C\Delta T$」，「$Q=mc\Delta T$」より，

$$Q_1=C\times(34-20)\,\text{K}+100\,\text{g}\times4.2\,\text{J/(g·K)}\times(34-20)\,\text{K}$$
$$=14C+5880\,〔\text{J}〕$$

また，80℃の水 40 g が放出した熱量を Q_2〔J〕とすると，「$Q=mc\Delta T$」より，

$$Q_2=40\,\text{g}\times4.2\,\text{J/(g·K)}\times(80-34)\,\text{K}=7728\,\text{J}$$

熱量の保存より，$Q_1=Q_2$ だから，

$$14C+5880=7728\qquad よって，C\fallingdotseq1.3\times10^2\,\text{J/K}$$

答 1.3×10^2 J/K

教科書 p.134 問7　ある質量の気体に $4.2×10^3$ J の熱を加えると,気体の温度は上昇し,外部に $1.2×10^3$ J の仕事をした。気体の内部エネルギーの増加はいくらか。

ポイント

> **熱力学第1法則**　$Q=\Delta U+W$

解き方　気体に加えられた熱量 $Q=4.2×10^3$ J,気体が外部にした仕事 $W=1.2×10^3$ J である。気体の内部エネルギーの増加を ΔU〔J〕とすると,熱力学第1法則「$Q=\Delta U+W$」より,

$$\Delta U=Q-W=4.2×10^3\text{ J}-1.2×10^3\text{ J}=3.0×10^3\text{ J}$$

答 $3.0×10^3$ J

教科書 p.138 問8　毎秒 5.0 g のガソリンを消費して毎秒 $6.9×10^4$ J の仕事をするエンジンの熱効率はいくらか。ただし,ガソリン 1.0 g を燃焼させたときに発生する熱量を $4.6×10^4$ J とする。

ポイント

> **熱効率 $=\dfrac{\text{熱機関がした仕事}}{\text{熱機関が高温の物体から得た熱量}}$**

解き方　毎秒 5.0 g のガソリンを消費するエンジンが毎秒得る熱量 Q_1〔J〕は,

$$Q_1=5.0\text{ g}×4.6×10^4\text{ J/g}=2.3×10^5\text{ J}$$

エンジンの熱効率を e とすると,「$e=\dfrac{W'}{Q_1}$」より,

$$e=\frac{6.9×10^4\text{ J}}{2.3×10^5\text{ J}}=0.30$$

答 0.30

章末問題のガイド

教科書 p.142

❶ 熱の移動

関連：教科書 p.129

　熱いお茶を2つの湯飲みを使って冷ます。次の2つの方法のうち，お茶の温度がより低くなるのはどちらの方法か。ただし，2つの湯飲みは初め室温と等しく，同じ熱容量をもつものとする。また，入れたお茶と湯飲みはすぐに同じ温度になるものとし，湯飲み以外への熱の放出は無視できるものとする。

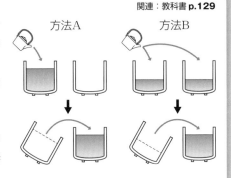

　方法A：全量を1つ目の湯飲みに入れた後，2つ目の湯飲みに移す。
　方法B：全量を2つの湯飲みに均等に分けたあと，1つの湯飲みにまとめる。

ポイント　方法Bでは最初の操作で2つの湯飲みとお茶の温度が同じになるので，以後の操作ではお茶の温度は変化しない。

解き方　方法Aの場合，全量のお茶を室温の1つ目の湯飲みに入れて，お茶の温度が下がったあと，室温の2つ目の湯飲みに入れるとさらにお茶の温度が下がる。したがって，2つ目の湯飲みとお茶のほうが1つ目の湯飲みよりも温度が低い。

　一方，方法Bの場合，半量ずつ均等に2つの湯飲みに入れて，2つの湯飲みとお茶がすべて同じ温度になったあとに，1つの湯飲みにまとめるので，2つの湯飲みとお茶は温度が等しい。

　よって，お茶の温度がより低くなるのは方法Aといえる。

答　方法A

❷ 潜熱と熱の移動　　　　関連：教科書 **p.127**, **p.130** 例題 **1**

水の比熱を 4.2 J/(g·K)，氷の比熱を 2.1 J/(g·K)，氷の融解熱を 3.3×10^2 J/g とする。また，容器の熱容量は無視でき，熱は外部に逃げないものとする。

(1) 20℃の水 90 g の中に 0℃の氷 10 g を入れたとき，氷がすべて融けて水になった。最終的に全体は何℃になるか。

(2) 20℃の水 90 g の中に −10℃の氷 30 g を入れて熱平衡に達したとき，全体は 0℃になった。このとき，氷は何 g 残っているか。

ポイント　熱が流入すると，0℃の氷は0℃の水になり，その水の温度が上昇。
氷の融解熱は1g，0℃の氷を0℃の水にするのに必要な熱量。

解き方　(1) 最終的に t〔℃〕になったとする。0℃の氷は0℃の水になり，さらに温度が上昇して t〔℃〕になった。熱量の保存より，水から流出した熱量と，氷に流入した熱量は等しいから，

読解力UP↑
「熱は外部に逃げない」とは，熱量の保存が成り立つことを表す。

$$90 \text{ g} \times 4.2 \text{ J/(g·K)} \times (20-t)\text{K}$$
$$= 10 \text{ g} \times 3.3 \times 10^2 \text{ J/g} + 10 \text{ g} \times 4.2 \text{ J/(g·K)} \times (t-0)\text{K}$$

よって，$t = 10.1\cdots℃ ≒ 10℃$

(2) m〔g〕の氷が残っているとする。熱量の保存より，水から流出した熱量と，氷に流入した熱量は等しいから，

$$90 \text{ g} \times 4.2 \text{ J/(g·K)} \times (20-0) \text{ K}$$
$$= 30 \text{ g} \times 2.1 \text{ J/(g·K)} \times \{0-(-10)\} \text{ K} + (30 \text{ g} - m) \times 3.3 \times 10^2 \text{ J/g}$$

よって，$m = 9.0$ g

答 (1) **10℃**　　(2) **9.0 g**

❸ 力学的エネルギーと熱

関連：教科書 **p.125**, **132**

速さ 72 km/h で走っていた質量 2.2×10^3 kg の小型トラックが，ブレーキをかけて止まった。このとき，発生した熱量は何 J か。

また，この熱量が，すべて比熱 0.44 J/(g·K) の金属でできた 4.0 kg のブレーキ板に与えられたとすると，ブレーキ板の温度は何 K 上昇するか。

ポイント　トラックがもっていた運動エネルギーが摩擦力による負の仕事で失われ，すべて熱に変化する。

解き方　$72 \text{ km/h} = \dfrac{72 \times 10^3 \text{ m}}{60 \times 60 \text{ s}} = 20 \text{ m/s}$ である。トラックがもっていた運動エネルギーがすべて熱になる。発生した熱量を Q〔J〕とすると，「$K = \dfrac{1}{2}mv^2$」より，

思考力 UP↑

km/h を m/s に変換して，運動エネルギーを計算する。

$$Q = \frac{1}{2} \times 2.2 \times 10^3 \text{ kg} \times (20 \text{ m/s})^2 = 4.4 \times 10^5 \text{ J}$$

ブレーキ板の温度が ΔT〔K〕だけ上昇したとすると，4.0 kg $= 4.0 \times 10^3$ g だから，「$Q = mc\Delta T$」より，

$$4.4 \times 10^5 \text{ J} = 4.0 \times 10^3 \text{ g} \times 0.44 \text{ J/(g·K)} \times \Delta T$$

よって，$\Delta T = 250 \text{ K} = 2.5 \times 10^2 \text{ K}$

答　4.4×10^5 J, 2.5×10^2 K

❹ 熱力学第 1 法則

関連：教科書 **p.133**

100℃の水 1.0 g に 2.26×10^3 J の熱を与えると，水はすべて蒸発して，外部に 1.7×10^2 J の仕事をする。このときの水の内部エネルギーの増加はいくらか。

ポイント　熱力学第 1 法則は固体・液体・気体の間の状態変化においても成立。

解き方　内部エネルギーの増加を ΔU〔J〕とすると，熱力学第 1 法則「$Q = \Delta U + W$」より，

$$\Delta U = Q - W = 2.26 \times 10^3 \text{ J} - 1.7 \times 10^2 \text{ J} = 2.09 \times 10^3 \text{ J}$$

答　2.09×10^3 J

❺ 熱機関と熱効率

関連：教科書 p.138

　重油を燃焼させて動くエンジンの動力で発電する装置がある。毎秒 2.0 g の重油を供給するとき，冷却水として 15℃の水が毎秒 500 g 供給され，37℃になって排出される。重油 1.0 g を燃焼させたときに発生する熱量を 4.4×10^4 J，水の比熱を 4.2 J/(g·K) とし，この装置では，エンジンがする仕事のうち，80 %が電気エネルギーになり，残りは熱として空気中に放出されるものとする。

(1) 冷却水に与えられた熱量は毎秒何 J か。

(2) このエンジンの熱効率はいくらか。

(3) 発電された電気エネルギーは毎秒何 J か。

ポイント エンジンのした仕事＝与えられた熱量－放出した熱量

解き方 (1) 冷却水に与えられた熱量を毎秒 Q_1〔J〕とすると，「$Q = mc\Delta T$」より，

$$Q_1 = 500 \text{ g} \times 4.2 \text{ J/(g·K)} \times (37-15)\text{K}$$
$$= 4.62 \times 10^4 \text{ J} \fallingdotseq 4.6 \times 10^4 \text{ J}$$

(2) 毎秒 2.0 g の重油が燃焼してエンジンに与えられる熱量を毎秒 Q_2〔J〕とすると，

$$Q_2 = 2.0 \text{ g} \times 4.4 \times 10^4 \text{ J/g} = 8.8 \times 10^4 \text{ J}$$

エンジンがした仕事は毎秒 $Q_2 - Q_1$〔J〕であるから，エンジンの熱効率を e とすると，

$$e = \frac{Q_2 - Q_1}{Q_2} = \frac{8.8 \times 10^4 \text{ J} - 4.62 \times 10^4 \text{ J}}{8.8 \times 10^4 \text{ J}} = 0.475 \fallingdotseq 0.48$$

(3) 1 s あたりに発電された電気エネルギーを E〔J〕とすると，エンジンの仕事の 80 %が電気エネルギーになるから，

$$E = (Q_2 - Q_1) \times 0.80 = (8.8 \times 10^4 \text{ J} - 4.62 \times 10^4 \text{ J}) \times 0.80$$
$$= 3.344 \times 10^4 \text{ J} \fallingdotseq 3.3 \times 10^4 \text{ J}$$

答 (1) 4.6×10^4 J　　(2) 0.48　　(3) 3.3×10^4 J

第3部　波

第1章　波の性質

教科書の整理

❶ 波の伝わり方

教科書 **p.144～153**

A　波とは

①**波（波動）**　波源で振動が引き起こされ，その振動が周囲へ伝わっていく現象。

②**媒質**　波を伝える物質。

③**波源**　波が発生する場所。

B　波形の移動と媒質の振動

①**波形**　波が伝わっていき，媒質の各部分はつり合いの位置（波が来る前の位置）から変位して，山・谷の曲線の形になる。このような曲線の形を波の波形という。

②**波の移動する距離**　波形が時間 Δt で移動する距離 Δx は，

■ **重要公式 1-1**
$$\Delta x = v \times \Delta t \qquad v : 波の伝わる速さ$$

③**パルス波**　波源を短時間振動させてできる孤立した波。

④**連続波**　波源を連続して振動させてできる連続的な波。

C　周期的な波

①**単振動**　等速円運動をする点からある軸に下ろした垂線の足がする振動。1 振動に要する時間を単振動の**周期**，振動の中心から折り返し点までの長さ（円運動の半径に等しい）を単振動の**振幅**という。

②**正弦波**　波形が正弦（sin）曲線の波。

③**周期，振動数**　1 回振動する時間を周期，1 s あたりの振動の回数を振動数という。振動数の単位にはヘルツ（Hz）を用いる。

■ **重要公式 1-2**
$$f = \frac{1}{T} \qquad f : 振動数〔Hz〕 \quad T : 周期〔s〕$$

もっと詳しく

隣の媒質が少しずつ遅れて振動しているため，波形が動いていくようにみえるのが波。波形の移動する速さが波の伝わる速さである。

④**振幅，波長** 正弦波の振幅A，波長λ（隣り合う山と山，谷と谷の間の距離）は，次の図のようになる。

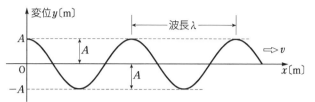

⑤**正弦波の伝わる速さ** 1周期の間に正弦波は1波長の距離を進む。正弦波の速さは次式で表される。

■ **重要公式 1-3**

$$v = \frac{\lambda}{T} = f\lambda \qquad v:波の速さ \quad \lambda:波長 \quad T:周期 \quad f:振動数$$

⑥**波のグラフ** ある時刻における媒質の変位yと位置xの関係を表すグラフをy-xグラフ，ある位置における媒質の変位yと時刻tの関係を表すグラフをy-tグラフという。

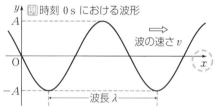

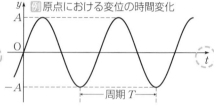

(a) y-xグラフ　ある時刻における波形
(b) y-tグラフ　ある位置での媒質の変位の時間的な変化

D 波の位相

①**位相** 正弦波が伝わっていくとき，媒質の各点の変位や速度などが周期的な変化のどの状態かを示す量。

②**同位相** 周期（振動数）の等しい2つの単振動で，一方が山のとき他方も山，一方が谷のとき他方も谷というような場合，2つの単振動は同位相であるという。

③**逆位相** 一方が山のとき他方は谷というような場合，2つの単振動は逆位相であるという。

E　横波と縦波

①**横波と縦波**　媒質の振動方向が波の伝わる方向と垂直である
波を横波といい，媒質の振動方向が波の伝わる方向と同じで
ある波を縦波という。

②**疎密波**　縦波は媒質の**疎**(密度が小さいこと)や**密**(密度が大
きいこと)の状態が伝わっていく現象であることから，縦波
のことを疎密波ともいう。

③**縦波の表し方**　x軸上を進む縦波で，x軸の正の向きの変位
をy軸の正の向きにとって，縦波による変位を横波のように
波形で表すことができる。

〈縦波の波形の表し方〉

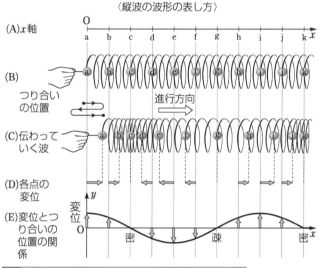

F　波が運ぶエネルギー・波が伝える情報

①**波が運ぶエネルギー**　ばねの振動は運動エネルギーと弾性力
による位置エネルギーをもち，波の進行とともにエネルギー
を運ぶ。また，海の波は波力発電に利用されるなど，エネル
ギーをもっている。

②**波が伝える情報**　教室で手をたたくと，クラス全員がすぐわ
かるように，音の波は情報を伝える。また，光や電波なども，
情報を伝えることができる。

🐛**もっと詳しく**

ばねやひもを，
長さ方向と垂
直な方向に振
動させたとき
の波は横波で
ある。水面波
も横波と扱う
ことが多い。
一方，ばねを
長さ方向に振
動させたとき
の波は縦波で
ある。音の波
も空気を伝わ
る縦波である。

📝**テストに出る**

横波表示され
た図(E)だけが
与えられた場
合は，図(C)の
縦波表示に戻
して考えれば，
どの位置が疎
・密であるか
がわかる。

教科書の整理　第 1 章

教科書の整理 第1章

❷ 波の性質

教科書 p.154〜160

A 波の独立性と重ね合わせの原理

①**波の独立性** いくつかの波が重なって伝わるとき，それぞれの波は互いに影響を受けることなく進み，独立性を保つ。すれ違った後，元の波形の波が観測される。

②**波の重ね合わせの原理** 重ね合わさった波の変位は，それぞれの波による変位の和に等しい。

③**合成波** いくつかの波の重ね合わせで生じる波。

■ **重要公式 2-1**

$$y = y_1 + y_2$$

y：実際に現れる波（合成波）の変位

y_1：波Iによる変位　　y_2：波IIによる変位

B 波の反射

①**入射波と反射波** 媒質の境界で波が反射しているとき，反射する前の波を入射波，反射して向きを変えて進む波を反射波という。

②**自由端反射** 媒質の端が自由に動ける場合，波の山は反射しても山，谷は谷になる（反射の際に位相は変化しない）。このような反射を自由端反射という。教科書 p.157 図 20(a)のように，そのまま進んだと仮定した入射波を描き，それを y 軸について対称に折り返すと，反射波の波形になる。

③**固定端反射** 媒質の端が固定されている場合，波の山は反射すると谷，谷は山になる（反射の際に位相は逆になる）。このような反射を固定端反射という。教科書 p.157 図 20(b)のように，そのまま進んだと仮定した入射波を描き，それを x 軸について対称に折り返し，さらに y 軸について対称に折り返すと，反射波の波形になる。

C 定在波

①**定在波** 波長，振幅，周期の等しい2つの正弦波が直線に沿って互いに逆向きに進むとき，合成波は振動するが進まない波になる。これを定在波（定常波）という。

②**進行波** 定在波に対して，波形が進む波を進行波という。

⚠**ここに注意**

反射波の波形を描くには，まず，反射点を通り抜けて形を変えずに進んでいく入射波を描く。次に，自由端では y 軸で，固定端では x 軸と y 軸で折り返す。

③**定在波の節と腹**　定在波において，まったく振動しない点を定在波の節，最も大きな振幅で振動している点を定在波の腹という。

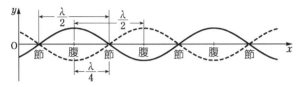

隣り合う節の間の距離は $\dfrac{\lambda}{2}$，隣り合う腹の間の距離は $\dfrac{\lambda}{2}$，

隣り合う節と腹の間の距離は $\dfrac{\lambda}{4}$

④**正弦波の反射と定在波**　正弦波が反射して入射波と反射波が重なり合うと，合成波は定在波になる。

・自由端では入射波と反射波の振動は常に同位相。入射波と反射波が強め合うので，自由端は定在波の腹。

・固定端では入射波と反射波の振動は常に逆位相。入射波と反射波が弱め合うので，固定端は定在波の節。

発展　平面や空間を伝わる波とその性質

①**波面と射線**　波の位相が等しい位置を連ねたときにできる曲面を**波面**，波面が進む向きを示す線を**射線**という。波面と射線は垂直に交わる。

②**波の回折**　板の隙間や物体に向かって波が進むとき，波が板の隙間や物体の端から回り込み，板や物体の裏側にまで広がる現象。回折は，波の波長に比べて隙間や物体の大きさが小さいほど目立つようになる。

③**波の反射と入射角・反射角**　波が壁に入射して反射するとき，入射波の射線と壁の法線のなす角を**入射角**，反射波の射線と壁の法線のなす角を**反射角**という。

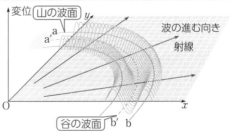

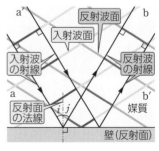

教科書の整理 第1章

④**反射の法則** 波が反射するとき，入射角と反射角は等しい。

■ **重要公式 1-1**
$i = j$　　i：入射角　j：反射角

⑤**波の屈折** 媒質の境界で波の進む向きが変わる現象を波の**屈折**という。媒質の境界面の法線と屈折波の射線のなす角を**屈折角**という。

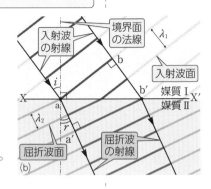

⑥**波の屈折** 媒質Ⅰから媒質Ⅱへの境界面に入射したときの屈折角 r は入射角 i で定まり，$\dfrac{\sin i}{\sin r}$ は入射角 i によらず一定である。これを**屈折の法則**といい，この一定値 n_{12} を媒質Ⅰに対する媒質Ⅱの**屈折率**という。

■ **重要公式 1-2**
$$\frac{\sin i}{\sin r} = \frac{v_1}{v_2} = \frac{\lambda_1}{\lambda_2} = n_{12}$$
　$v_1,\ v_2$：媒質Ⅰ，Ⅱにおける波の速さ
　$\lambda_1,\ \lambda_2$：媒質Ⅰ，Ⅱにおける波の波長

⑦**節線** 水面上の2個の波源を上下に振動させて同じ周期，振幅，位相の波が出ているとき，水面に波の模様が現れ，水面にはほとんど振動しない場所が観察できる。この場所を結んだ曲線を**節線**という。

　また，節線と節線との間には，水面が最も大きく振動する場所がある。その場所を結んだ曲線に沿って，波の描く模様は波源から遠ざかるように進んでいく。

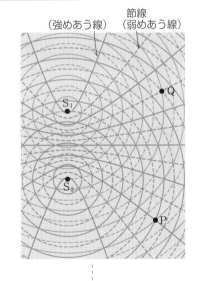

⑧**波の干渉** 複数の波が重なり合い，場所によって，強め合ったり弱め合ったりする現象。波源 S_1，S_2 が起こす波の波長を λ，媒質上のある点までの距離を L_1，L_2 とすると，波源 S_1，S_2 が同位相で振動するとき，次式が成り立つ。

■ **重要公式 1-3**

2 つの波が最も強め合う点

$$|L_1 - L_2| = m\lambda = \frac{\lambda}{2} \times 2m \qquad (m = 0, \ 1, \ 2, \ \cdots\cdots)$$

2 つの波が最も弱め合う点

$$|L_1 - L_2| = m\lambda + \frac{\lambda}{2} = \frac{\lambda}{2} \times (2m+1) \qquad (m = 0, \ 1, \ 2, \ \cdots\cdots)$$

発展　ホイヘンスの原理

①**素元波**　ホイヘンスは，波面上の各点から波の進む速さで球面波が広がると考え，この波を**素元波**と名づけた。

②**ホイヘンスの原理**　ある時刻の波面から出た素元波に共通に接する面（包絡面）が新しい時刻の波面になる。これを**ホイヘンスの原理**という。

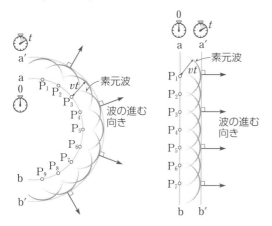

③**ホイヘンスの原理と回折波の波面**　波長と同程度まで幅を狭くした隙間に波が入射したとき，素元波の包絡線はほぼ円形に等しい。

　また，障害物によって波の一部が遮られたとき，障害物の端を通って進んだ波の波面から出る素元波を作図すると，波が障害物の裏側まで回り込んで進むことが説明できる。

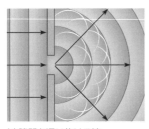
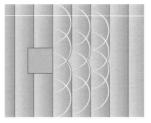

(a) 隙間を通り抜ける波　　　　(b) 障害物の裏側に回り込む波

④ホイヘンスの原理と反射波の波面　図(a)のように，入射波の波面 ab は端 a から順に反射面に速さ v で入射し，各入射点で次々と素元波が生じる。また，図(b)は入射波の波面 ab の端 b が反射面に到着した時刻での，AB から出た素元波の様子を示した図である。ホイヘンスの原理により，これらの半円のすべてに接する線分 a′b′ が，このときの反射波の波面になる。

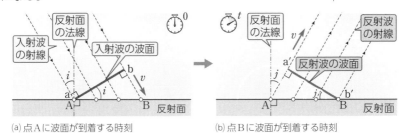

(a) 点Aに波面が到着する時刻　　　(b) 点Bに波面が到着する時刻

⑤ホイヘンスの原理と屈折波の波面　媒質Ⅰの速さ v_1，媒質Ⅱの速さ v_2 とホイヘンスの原理により，屈折波の波面を作図することができる。

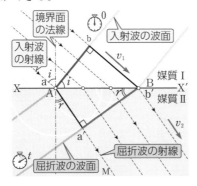

問・類題のガイド

教科書 p.145 問 1

x 軸の正の向きに速さ $1.0\,\mathrm{m/s}$ で伝わる波がある。右の図の時刻を $0\,\mathrm{s}$ とすると，媒質上の点Pが次の状態になる時刻は何 s か。

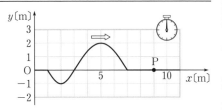

(1) 振動を開始する。

(2) 変位 y が $2.0\,\mathrm{m}$ になる。

(3) 変位 y が $-1.0\,\mathrm{m}$ になる。

ポイント 移動距離 $x = vt$

解き方 (1) 図の状態から，波が $2.0\,\mathrm{m}$ 進んだとき，点Pは振動を開始する。したがって，求める時刻を $t_1\,\mathrm{(s)}$ とすると，

$$t_1 = \frac{2.0\,\mathrm{m}}{1.0\,\mathrm{m/s}} = 2.0\,\mathrm{s}$$

(2) 図の状態から，波が $4.0\,\mathrm{m}$ 進んだとき，点Pは変位 $y = 2.0\,\mathrm{m}$ になる。したがって，求める時刻を $t_2\,\mathrm{(s)}$ とすると，

$$t_2 = \frac{4.0\,\mathrm{m}}{1.0\,\mathrm{m/s}} = 4.0\,\mathrm{s}$$

(3) 図の状態から，波が $7.0\,\mathrm{m}$ 進んだとき，点Pは変位 $y = -1.0\,\mathrm{m}$ になる。したがって，求める時刻を $t_3\,\mathrm{(s)}$ とすると，

$$t_3 = \frac{7.0\,\mathrm{m}}{1.0\,\mathrm{m/s}} = 7.0\,\mathrm{s}$$

答 (1) **2.0 s** (2) **4.0 s** (3) **7.0 s**

教科書 p.147 問 2

波長が $4.0\,\mathrm{m}$，振動数が $5.0\,\mathrm{Hz}$ の正弦波が一直線上を進んでいる。この波の周期と速さはそれぞれいくらか。

ポイント 振動数と周期 $f = \dfrac{1}{T}$

正弦波の速さ $v = f\lambda$

解き方 この波の周期を $T(\mathrm{s})$ とすると，「$f=\dfrac{1}{T}$」より，

$$T=\frac{1}{5.0\ \mathrm{Hz}}=0.20\ \mathrm{s}$$

また，この波の速さを $v(\mathrm{m/s})$ とすると，「$v=f\lambda$」より，

$v=5.0\ \mathrm{Hz}\times4.0\ \mathrm{m}=20\ \mathrm{m/s}$

答 周期…0.20 s，速さ…20 m/s

教科書
p.148
問 3

図8で，P_3 と同位相で振動している媒質の部分と，逆位相で振動している媒質の部分を，$P_1 \sim P_8$ の中からそれぞれ挙げよ。

ポイント

同位相：常に変位が等しい。
逆位相：常に変位の大きさが等しく，正負が逆。

解き方 P_3 と同位相の点は常に変位が等しいので，教科書 p.148 図8と図8から微小時間経過後で，ともに変位が等しい点をさがすと，P_7 とわかる。

また，P_3 と逆位相の点は常に変位の大きさが等しく正負が逆なので，図8と図8から微小時間経過後で，ともに常に変位の大きさが等しく正負が逆の点をさがすと，P_1，P_5 とわかる。

答 同位相…P_7，逆位相…P_1，P_5

教科書
p.149
類題 1

x 軸の正の向きに速さ 1.0 m/s で進んでいる正弦波がある。図は，$x=0$ m の位置における媒質の変位と時刻との関係を示すグラフ（y-t グラフ）である。

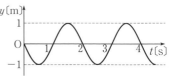

(1) この波の振幅，周期，振動数，波長は，それぞれいくらか。

(2) 時刻 $t=0$ s における波形を表すグラフ（y-x グラフ）を描け（ただし，$0\ \mathrm{m}\leqq x\leqq4.0\ \mathrm{m}$ の範囲）。

ポイント

$f=\dfrac{1}{T},\ \ v=f\lambda$

y-t グラフから微小時間後の振動が正か負かを読み取る。

解き方 (1) y-t グラフより，振幅 $A=1.0$ m，周期 $T=2.0$ s

また，この波の振動数を $f(\mathrm{Hz})$ とすると，「$f=\dfrac{1}{T}$」より，

$$f = \frac{1}{2.0\,\text{s}} = 0.50\,\text{Hz}$$

この波の波長を $\lambda\,[\text{m}]$ とすると，「$v=f\lambda$」より，

$$\lambda = \frac{1.0\,\text{m/s}}{0.50\,\text{Hz}} = 2.0\,\text{m}$$

(2)　$y\text{-}t$ グラフより $t=0\,\text{s}$ に
おける $x=0\,\text{m}$ の媒質の変位
は $0\,\text{m}$ であり，微小時間経過
後の変位は負になる。正弦波
は x 軸の正の向きに進んでい
るので，$t=0\,\text{s}$ における

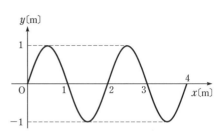

$x<0\,\text{m}$ の負の変位が，微小時間経過後に $x=0\,\text{m}$ に伝わる。波長
$\lambda=2.0\,\text{m}$ より，$0\,\text{m}\leqq x\leqq 4.0\,\text{m}$ の範囲では図のようになる。

答(1)　振幅…1.0 m，周期…2.0 s，振動数…0.50 Hz，波長…2.0 m

(2)　**解き方** の図参照

教科書 p.151

問 4　x 軸の正の向きに伝わる縦波がある。図(a)は媒質の各点のつり合いの位置
を表している。媒質の各点が図(b)のように変位しているとき，次の問いに答
えよ。

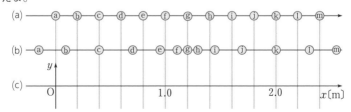

(1)　縦波の波形(媒質の変位を表すグラフ)を図(c)に描け。

(2)　このとき，最も密な位置はどこか。また，最も疎な位置はどこか。x 座
標で示せ。

ポイント

> **縦波の x 軸の正の向きの変位を y 軸の正の向きにとって横波
> のように表す。**

解き方 (1) 右図の(Ⅱ)のように，縦波のx軸の正(負)の向きの変位を，y軸の正(負)の向きにとり，各点の変位をなめらかにつなぐと下図のようになる。

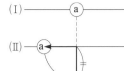

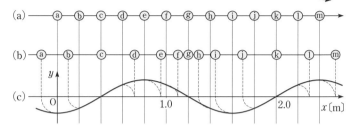

(2) (b)より，最も密な位置は⑨$x=1.2$ m，最も疎な位置は©$x=0.40$ m，⑥$x=2.0$ m とわかる。

答(1) **解き方** の図参照

(2) 密…$x=1.2$ m，疎…$x=0.40$ m，2.0 m

教科書 p.152 問5 右の図は，x軸の正の向きに進む縦波の変位を，y軸の変位として表したものである。最も密な位置，最も疎な位置はそれぞれどこか。

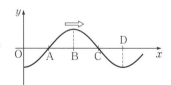

ポイント 縦波の横波表示のy軸の正の向きの変位をx軸の正の向きにとって，疎密を調べる。

解き方 縦波の横波表示のグラフの変位を元に戻すと，図のようになる。したがって，最も密な位置はC，最も疎な位置はAとわかる。

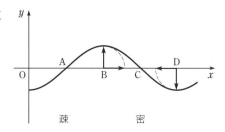

答 密…C，疎…A

教科書
p.155
問 6

　右の図のように，三角形の波形をもつ 2 つの波が，x 軸に沿ってそれぞれ矢印の向きに 1 cm/s の速さで進んでいる。図の時刻から 2 s 後，3 s 後の波形を描け。ただし，グラフの 1 目盛りは 1 cm とする。

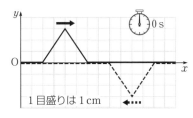

1 目盛りは 1 cm

ポイント　　**観察される波の変位は，2 つの波の変位の和。**

解き方　波はそれぞれ 1 s 間に 1 cm/s×1 s＝1 cm 進む。すなわち，1 s 間に 1 目盛り進む。1 s 間に 1 目盛りずつ動かしていき，2 つの波の変位を足し合わせて観察される波形を描くと次図のようになる。

答

2s後 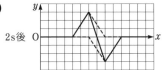　　3s後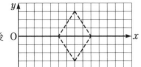

教科書
p.157
問 7

　右の図のような波が，x 軸の正の向きに速さ 5.0 cm/s で進み，$x=0$ の点で反射する。右の図の時刻から 5.0 s 後には，どのような波が現れるか。その波の波形を，自由端反射と固定端反射のそれぞれについて作図せよ。

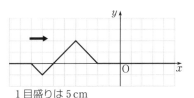

1 目盛りは 5 cm

ポイント　　**自由端反射：y 軸で折り返す。**
　　固定端反射：x 軸で折り返してから，y 軸で折り返す。

解き方　反射しないと仮定すると，波は 5.0 s 間に，

　　$5.0 \text{ s} \times 5.0 \text{ cm/s} = 25 \text{ cm}$

だけ進む。1 目盛りが 5 cm なので，5 目盛り分進む。

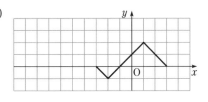

自由端反射の場合，$x>0$ の波形を y 軸で折り返し，入射波と反射波を合成する。

固定端反射の場合，$x>0$ の波形をまず x 軸で折り返してから，y 軸で折り返して，入射波と反射波を合成する。

答 解き方 の図参照

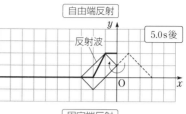

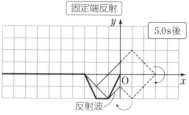

教科書 p.159
問 8

波長 λ，振幅 A，周期 T の2つの正弦波が，右の図のように，x 軸に沿ってそれぞれ矢印の向きに同じ速さで進んでいる。(1)，(2)の場合について，2つの波の

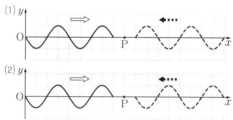

先端が出あう時刻を0として，時刻 $0 \sim T$ の間の点Pの変位を，時間 $\dfrac{T}{4}$ ごとに示せ。

ポイント ▶ **1振動する時間(周期)に，波は1波長だけ進む。**

解き方 ▶ 2つの波は $\dfrac{T}{4}$ の間に $\dfrac{\lambda}{4}$ だけ進む。点Pにおける各時刻での，実線の波の変位 y_1 と破線の波の変位 y_2 の和 $y=y_1+y_2$ を計算する。

(1)

時刻＼変位	0	$\dfrac{T}{4}$	$\dfrac{2}{4}T$	$\dfrac{3}{4}T$	T
y_1	0	A	0	$-A$	0
y_2	0	A	0	$-A$	0
y	0	$2A$	0	$-2A$	0

(2)

時刻＼変位	0	$\dfrac{T}{4}$	$\dfrac{2}{4}T$	$\dfrac{3}{4}T$	T
y_1	0	A	0	$-A$	0
y_2	0	$-A$	0	A	0
y	0	0	0	0	0

点Pは，(1)では定在波の腹，(2)では定在波の節になる。

答 (1) 0，2A，0，−2A，0　　(2) 0，0，0，0，0

教科書 p.160
類題 2

　波長 20 cm，振幅 5.0 cm の正弦波が，速さ 10 cm/s で x 軸の正の向きに進んでいる。波は原点Oで固定端反射をする。図の時刻を $t=0\,\mathrm{s}$ として，次の問いに答えよ。

(1) 時刻 $t=5.0\,\mathrm{s}$ の入射波と反射波，および合成波を描け。

(2) 定在波の腹と節となる位置はそれぞれどこか。x 座標で示せ。（$-35\,\mathrm{cm}\leqq x\leqq 0\,\mathrm{cm}$ の範囲）。

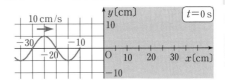

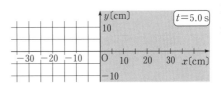

ポイント

> **固定端反射：x 軸で折り返してから，y 軸で折り返す。**
>
> **固定端は定在波の節になり，節と節の間隔は $\dfrac{1}{2}$ 波長分。**

解き方 (1)　反射しないと仮定すると，波は 5.0 s 間に，

$$5.0\,\mathrm{s}\times 10\,\mathrm{cm/s}=50\,\mathrm{cm}$$

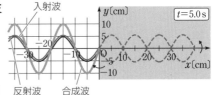

だけ進む。固定端反射の場合，$x>0$ の波形をまず x 軸で折り返してから，y 軸で折り返して入射波と反射波を合成する。

(2)　固定端は定在波の節になり，節と節の間隔は $\dfrac{1}{2}$ 波長分なので，10 cmである。したがって，節の x 座標は，

$$x=0,\ -10,\ -20,\ -30\,\mathrm{cm}$$

また，節と腹の間隔は $\dfrac{1}{4}$ 波長分であり，節である原点Oに最も近い腹の x 座標は $x=-5.0\,\mathrm{cm}$ である。腹と腹の間隔は $\dfrac{1}{2}$ 波長分なので，腹の x 座標は，

$$x=-5.0,\ -15,\ -25,\ -35\,\mathrm{cm}$$

答 (1)　**解き方** の図参照

(2)　腹…$x=-5.0,\ -15,\ -25,\ -35\,\mathrm{cm}$

　　　節…$x=0,\ -10,\ -20,\ -30\,\mathrm{cm}$

章末問題のガイド

教科書 p.161

❶ y-x グラフと y-t グラフ

関連：教科書 p.149 例題 1

図は，x 軸の負の向きに速さ 20 cm/s で進んでいる正弦波の，時刻 0 s における波形を表している。$x=6.0$ cm における媒質の時刻と変位との関係を表すグラフ（y-t グラフ）を描け。

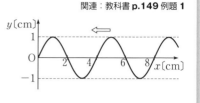

ポイント 周期 $T=\dfrac{\lambda}{v}$

微小時間経過後の変位を考える。

解き方 y-x グラフより，波の波長は 4.0 cm＝0.040 m，題意より，波の速さは 20 cm/s＝0.20 m/s である。この波の周期を T〔s〕とすると，

「$v=\dfrac{\lambda}{T}$」より，

$$T=\frac{0.040 \text{ m}}{0.20 \text{ m/s}}=0.20 \text{ s}$$

また，波は x 軸の負の向きに進むので，微小時間経過後の $x=6.0$ cm の変位は $y<0$ となる。したがって，y-t グラフは次図のようになる。

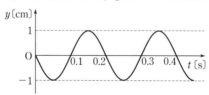

答 **解き方** の図参照

❷縦波

関連：教科書 p.151

x 軸の負の向きに進む縦波の正弦波がある。図は，その縦波のある時刻の波形を表している。

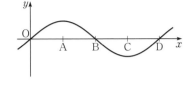

(1)　図の A 〜 D の中で，媒質の密度が最も小さい（疎な）位置はどこか。また，媒質の速度が x 軸の正の向きに最大の位置はどこか。

(2)　図の時刻から $\dfrac{1}{4}$ 周期の時間が経過したとき，点 A 〜 D の中で，媒質の密度が最も大きい（密な）位置はどこか。

ポイント　y 軸の正の向きの変位を x 軸の正の向きの変位に戻す。

解き方　(1)　横波のように表された波を縦波に戻す（y 軸の正（負）の向きの変位を x 軸の正（負）の向きの変位に戻す）と，右図のようになる。点 D で密度が最も小さい。

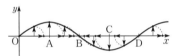

また，微小時間 $\varDelta t$ が経過したときの波形（x 軸の負の向きに少し進む）を描いてみる（右図）。媒質の速度が x 軸の正の向きに最大（$\varDelta t$ 間の変位が y 軸の正の向きに最大）となるのは，点 D である。

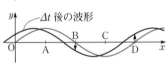

$\varDelta t$ 後の波形

(2)　波は $\dfrac{1}{4}$ 周期の間に x 軸の負の向きに $\dfrac{1}{4}$ 波長の距離を進む（右図）。(1)と同様に縦波に戻して考えると，媒質の密度が最も大きい点は点 A である。

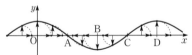

答　(1)　密度…点 D，速度…点 D　　(2)　点 A

❸ 定在波

関連：教科書 **p.158**

　周期 T〔s〕，波長 λ〔m〕，振幅 A 〔m〕の2つの正弦波が，互いに逆向きに進んで重なり合い，定在波をつくっている。図は，右向きに進む波Ⅰと左向きに進む波Ⅱの波形を表している。図の時刻を0sとする。

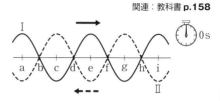

(1)　それぞれの正弦波は，$\dfrac{T}{4}$〔s〕間にどれだけ進むか。

(2)　図の点 e の媒質について，時刻 0 s，$\dfrac{T}{4}$〔s〕，$\dfrac{2}{4}T$〔s〕，$\dfrac{3}{4}T$〔s〕，T〔s〕における変位をそれぞれ求めよ。また，点 f の媒質の変位についてもそれぞれ求めよ。

(3)　定在波の節はどこか。また，腹はどこか。

(4)　定在波の腹の部分での媒質の振動数はいくらか。

ポイント　定在波の変位は，2つの波の変位を加え合わせたものである。

解き方　(1)　1周期 T の間に波は1波長 λ の距離を進むから，$\dfrac{T}{4}$ の間に波Ⅰは右向きに $\dfrac{\lambda}{4}$，波Ⅱは左向きに $\dfrac{\lambda}{4}$ だけ進む。

(2)　点 e，点 f での波Ⅰ，Ⅱの変位 y_1，y_2，媒質の変位 y_1+y_2 は次の表のようになる。

点 e

時　刻 変　位	0	$\dfrac{T}{4}$	$\dfrac{2}{4}T$	$\dfrac{3}{4}T$	T
波Ⅰの変位 y_1	A	0	$-A$	0	A
波Ⅱの変位 y_2	$-A$	0	A	0	$-A$
媒質の変位 y_1+y_2	0	0	0	0	0

点 f

時　刻 変　位	0	$\dfrac{T}{4}$	$\dfrac{2}{4}T$	$\dfrac{3}{4}T$	T
波Ⅰの変位 y_1	0	A	0	$-A$	0
波Ⅱの変位 y_2	0	A	0	$-A$	0
媒質の変位 y_1+y_2	0	$2A$	0	$-2A$	0

(3)　(2)より，点 e は定在波の節，点 f は定在波の腹である。節や腹はそれぞれ $\frac{\lambda}{2}$ の間隔で並ぶから，節は点 a, c, e, g, i, 腹は点 b, d, f, h である。

(4)　定在波の振動数は，波 I，II の振動数に等しいので，

$$f = \frac{1}{T}\,[\text{Hz}]$$

答　(1)　$\frac{\lambda}{4}\,[\text{m}]$

(2)　点 e…0, 0, 0, 0, 0,　点 f…0, 2A, 0, −2A, 0

(3)　節…点 a, c, e, g, i,　腹…点 b, d, f, h　　(4)　$\frac{1}{T}\,[\text{Hz}]$

---

❹ 波の反射

関連：教科書 p.157

図は，x 軸の正の向きに速さ $1.0\ \text{m/s}$ で進む波の時刻 $t=0\ \text{s}$ における波形を表している。

(1)　$x=8.0\ \text{m}$ における媒質の振動を表す y-t グラフを描け。

(2)　$x=10\ \text{m}$ の点 R で固定端反射をする場合を考える。次の時刻 t に観察される波の波形を描け。

①　$t=6.0\ \text{s}$　　②　$t=7.0\ \text{s}$

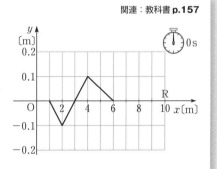

ポイント　固定端反射の反射波は，反射しないと仮定して進んだ入射波を x 軸，y 軸で折り返して描く。

解き方　(1)　$x=8.0\ \text{m}$ における媒質の変位 y が，次のようになる時刻 t を調べる。

(ア)　振動を始める（$y=0\ \text{m}$）　→　$t=2.0\ \text{s}$

(イ)　$y=0.10\ \text{m}$　→　$t=4.0\ \text{s}$

(ウ)　$y=0\ \text{m}$　→　$t=5.0\ \text{s}$

(エ)　$y=-0.10\ \text{m}$　→　$t=6.0\ \text{s}$

(オ)　振動を終える（$y=0\ \text{m}$）

　　→　$t=7.0\ \text{s}$

これらを y-t グラフにとり，各点を直線で結ぶ。

(2)①　まず，反射しないと仮定して，$t=6.0$ s での波形を描く（波は 6.0 s 間に 6.0 m 進む）。次に，$x=10$ m より右にある部分を x 軸について折り返し，それをさらに y' 軸（$x=10$ m に y' 軸を設定）について折り返す。これが固定端反射をした反射波の波形である。最後に，観察される波の波形は合成波のものなので，入射波と反射波の変位を加えて合成波を描く（8.0 m≦x≦10 m では入射波と反射波が重なって合成波となる）。

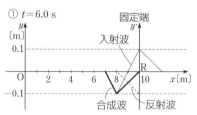

①　$t=6.0$ s

②　$t=7.0$ s の場合も，①と同じ手順で考える（波は 7.0 s 間に 7.0 m 進む）。

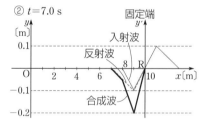

②　$t=7.0$ s

答　(1)，(2)①，②　**解き方** の図参照

第2章　音

教科書の整理

① 音波の性質

教科書 **p.168～173**

A 音波

①**音波**　空気などの媒質の変位と密度の変化が伝わっていく現象。音波は，媒質の振動方向と音波の進む方向が一致する縦波(疎密波)である。

②**音源(発音体)**　媒質を振動させて音を発生させるもの。

B 音の速さ

①**音速**　音波の伝わる速さ。空気，水，鉄などの媒質や温度で決まる。温度 t〔℃〕の乾燥した空気中の音速 V〔m/s〕は，

■ **重要公式 1-1**
$$V = 331.5 + 0.6t$$

例えば，15℃の空気中の音速は約 340 m/s である。

C 音の三要素

①**音の三要素**　音を特徴づける高さ，大きさ，音色のこと。

②**音の高さ**　音の高さの違いは音波の振動数の違いによる。振動数の大きい音ほど耳には高い音に聞こえる。

③**音の大きさ**　音の大きさの違いは音波の振幅の違いによる。振幅の大きい音は密度の変化(圧力の変化)も大きく，耳には大きな音に聞こえる。

④**音色**　同じ高さ・大きさの音でも，ピアノとフルートというような発音体によって音が違って感じられるのは，波形が違うからである。この違いを音色という。

⑤**純音**　密度の変化の様子が正弦曲線で表される音。

D 可聴音と超音波

①**可聴音**　人の耳で聞くことのできる音波。振動数が約 20～20000 Hz の範囲である。

②**超音波**　可聴音よりも振動数が大きくて人の耳には聞こえない音。電波が伝わらない海中の物体を探知するソナーや医療

🔍もっと詳しく

一般に，分子量の小さい気体中ほど音速は大きい。液体中の音速は空気中の音速の数倍の大きさで，固体中の音速はさらに大きい。音波は媒質のない真空中を伝わることができない。

🔍もっと詳しく

音の進む向きに垂直な単位面積を単位時間あたりに通過するエネルギーを音の強さという。音の大きさの代わりに，音の強さを音の三要素に入れることもある。

教科書の整理 第2章

の超音波検査などに利用される。

E うなり

①**うなり** 振動数が少しだけ異なる2つのおんさを同時に鳴らしたとき，音の大きさが周期的に変化して「ワーン，ワーン」というように聞こえる現象。

②**1sあたりのうなりの回数** 振動数が f_1，f_2 の2つの音が1sあたりに起こすうなりの回数を N とする。2つの波の山と山が強め合って振幅が大きくなってから，次に山と山がちょうど1つずれて重なって振幅が大きくなるまでの時間がうなりの周期 T である。時間 T の間に入る波の数は，f_1 の波では $f_1 T$ 個，f_2 の波では $f_2 T$ 個であり，それらはちょうど1個違うので，$|f_1 T - f_2 T| = 1$ となる。$N = \dfrac{1}{T}$ であるから，うなりの回数 N は，

> **⚠ここに注意**
> おんさに輪ゴムや針金を巻くと，質量が増えて振動の周期が長くなり，振動数は元の振動数より小さくなる。

> **■ 重要公式 1-2**
> $$N = |f_1 - f_2|$$

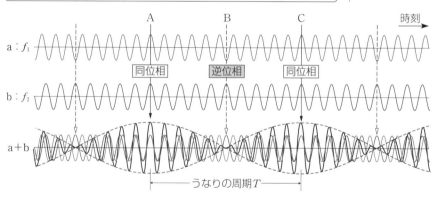

A　　　B　　　C　　　　時刻 →

a：f_1

同位相　　逆位相　　同位相

b：f_2

a+b

――うなりの周期 T――

❷ 音源の振動　　　　　　　教科書 p.174〜183

A 共振・共鳴

①**固有振動** 物体の大きさや形，材質などによって，決まった振動数で大きく振動する。この振動を固有振動といい，そのときの振動数を**固有振動数**という。

②**共振・共鳴** 物体に固有振動数に等しい振動数の周期的な力を加え続けたとき，物体が固有振動を始め，振動の振幅が増大して大きなエネルギーをもつようになる。この現象を共振または共鳴という。

B 弦の固有振動

①**弦の固有振動** 両端を固定して張った弦の中央をはじくと，両端が節になるような特定の波長の横波の定在波ができる。定在波による振動を弦の固有振動といい，その振動数を**固有振動数**という。弦の固有振動では，弦の全長は弦を伝わる横波の半波長の整数倍である。定在波の腹の数がm個のとき，

■ **重要公式 2-1**

$$L = m \cdot \frac{\lambda_m}{2} \qquad f_m = \frac{v}{\lambda_m} = \frac{mv}{2L} \quad (m = 1,\ 2,\ 3,\ \cdots\cdots)$$

L：弦の長さ　　λ_m：弦を伝わる横波の波長

f_m：弦の固有振動数

m：定在波の腹の数

v：弦を伝わる横波の速さ

固有振動のうち，$m = 1$ を**基本振動**，$m = 2,\ 3,\ \cdots\cdots$を**倍振動**（2倍振動，3倍振動，……）という。基本振動によって生じる音を**基本音**，倍振動による音を**倍音**（2倍音，3倍音，……）という。

もっと詳しく

弦をはじくと基本振動と倍振動が起こるが，基本音が最もよく聞こえる。

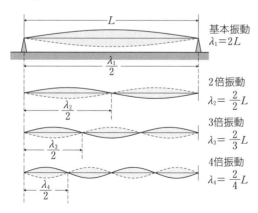

基本振動
$\lambda_1 = 2L$

2倍振動
$\lambda_2 = \dfrac{2}{2}L$

3倍振動
$\lambda_3 = \dfrac{2}{3}L$

4倍振動
$\lambda_4 = \dfrac{2}{4}L$

② **発展** **弦を伝わる横波の速さ** 線密度 ρ〔kg/m〕の弦を大きさ S〔N〕の力で張ったとき,弦を伝わる横波の速さ v〔m/s〕は,

■ **重要公式 2-2**

$$v=\sqrt{\frac{S}{\rho}}$$

⚠ **ここに注意**
弦を伝わる横波の速さは,線密度が小さいほど大きく,張力が大きいほど大きい。

C 気柱の固有振動

① **気柱の共鳴** 管の一端で空気を振動させると,管内の気柱(空気の柱)にいろいろな振動が起こり,そのうち特定の波長の波が気柱の両端で反射して定在波をつくる。これは気柱の固有振動である。

② **開口端補正** 厳密には,定在波ができているとき,開口端の少し外側に腹があるかのように振動する。この外側の腹の位置と管口との距離を開口端補正という。

③ **閉管の気柱の固有振動** 片方の端が閉じた管。音波は管の閉じた側では固定端反射をして定在波の節となり,開口端では自由端反射をして定在波の腹となる。音波を密度で考えた場合,閉じた部分の密度の変化が大きく,開口端では密度の変化はない。

閉管の気柱の固有振動では,管の長さが空気を伝わる音波の $\frac{1}{4}$ 波長の奇数倍であるから,次のような関係が成り立つ。

⚠ **ここに注意**
閉管では基本音とその奇数倍(3倍音,5倍音,……)の固有振動しか起こらない。

■ **重要公式 2-3**

$$L=m\cdot\frac{\lambda_m}{4} \quad f_m=\frac{V}{\lambda_m}=\frac{mV}{4L} \quad (m=1,\ 3,\ 5,\ \cdots\cdots)$$

L:管の長さ λ_m:波長 f_m:固有振動数 V:音速

④ **開管の気柱の固有振動** 両端が開いている管。音波は管の両端で自由端反射をして,定在波の腹となる。音波を密度で考えた場合,閉管のときと同様に,開口端では密度の変化はない。

開管の気柱の固有振動では,管の長さが空気を伝わる音波の半波長の整数倍であるから,次のような関係が成り立つ。

⚠ **ここに注意**
開管では基本音とその整数倍(2倍音,3倍音,……)の固有振動が起こる。

教科書の整理 第2章

■ **重要公式 2-4**

$$L = m \cdot \frac{\lambda_m}{2} \qquad f_m = \frac{V}{\lambda_m} = \frac{mV}{2L} \qquad (m=1,\ 2,\ 3,\ \cdots\cdots)$$

L：管の長さ　λ_m：波長　f_m：固有振動数　V：音速

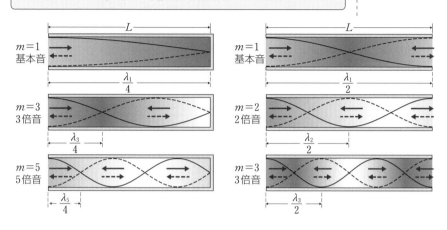

実験・やってみようのガイド

教科書 p.170 やってみよう　**音速の測定**

　たたく音と反射音が同時に聞こえるようになるとき，手をたたく間隔 T と音が校舎で反射されて往復に要する時間 t が等しい。例えば，6回手をたたいたとき，1回目から6回目までの時間を5で割ると T が求められる。手をたたいた位置から校舎までの距離を L，音速を V とすると，

$$Vt = 2L,\quad t = T \ \text{より,}\quad V = \frac{2L}{T}$$

で音速 V を求めることができる。

教科書 p.171 やってみよう　**音と振動**

　人が耳で聞くことができる音波の振動数は約 $20\,\mathrm{Hz} \sim 20000\,\mathrm{Hz}$ とされるが，個人差がある。また，人間は年をとるにつれて高い音が聞こえにくくなる。例えば，モスキート音と呼ばれる振動数の高い音は，若いと聞き取れるが，年齢が上がると聞こえなくなることが多い。

やって みよう **弦の定在波の観察**

　弦をさまざまな振動数で振動させて弦に定在波が生じたとき，弦は固有振動数で振動している。弦の長さを L，弦を伝わる波の速さを v とすると，基本振動のときに弦を伝わる波の振動数 $f_1 = \dfrac{v}{2L}$ より，m 倍振動（$m = 2, 3, \cdots\cdots$）のときに弦を伝わる波の振動数 f_m は，

$$f_m = \frac{mv}{2L} = mf_1$$

である。また，弦のどこかを指で軽く触れると，触れた位置が節となる定在波が生じる。

実 験 **6. 気柱の共鳴**

方法 ③④　おんさを強くたたきすぎると純音（正弦曲線の波形をもつ）が出なくなるので，おんさは軽くたたくようにする。また，ガラス管が割れることがあるので，おんさはガラス管に触れないように注意する。

　共鳴する位置付近では，水面Cをゆっくりと上下させて，正確に共鳴する位置に合わせるようにする。

処理 ①　測定値の例は，次のようになる。

測定回数	L_1〔m〕	L_2〔m〕	$L_2 - L_1$〔m〕
1回目	0.195	0.608	0.413
2回目	0.196	0.607	0.411
3回目	0.194	0.609	0.415
平均値	0.195	0.608	0.413

室温　実験前　$t_1 = 25.2℃$　　実験後　$t_2 = 25.8℃$

　　音波の波長　$\lambda = 2(L_2 - L_1) = 2 \times 0.413 \, \text{m} = 0.826 \, \text{m}$

②　平均室温　$t = \dfrac{25.2℃ + 25.8℃}{2} = 25.5℃$

　　音速　$V = (331.5 + 0.6 \times 25.5) \, \text{m/s} = 346.8 \, \text{m/s} \fallingdotseq 347 \, \text{m/s}$

③　おんさの振動数　$f = \dfrac{V}{\lambda} = \dfrac{346.8 \, \text{m/s}}{0.826 \, \text{m}} = 419.8\cdots \text{Hz} \fallingdotseq 420 \, \text{Hz}$

考察 ① $4L_1＝4×0.195\,\mathrm{m}＝0.780\,\mathrm{m}$ である。これは $λ＝0.826\,\mathrm{m}$ より小さい値であり，$4L_1$ を波長とすることはできない。これは，定在波の腹が管口より少し外側にできるためである。

② 振動数のわかっているおんさを用いて同様に実験をすると，波長がわかるので，音速を求めることができる。求めた音速は，②で求めた音速 V とほぼ等しいことがわかる。

教科書 p.181 やってみよう 🧪 試験管笛

 音速を $V[\mathrm{m/s}]$ とすると，音の振動数 $f[\mathrm{Hz}]$ より，音の波長 $λ＝\dfrac{V}{f}[\mathrm{m}]$ と表される。L を大きくしていくと，共鳴した位置から $\dfrac{λ}{2}＝\dfrac{V}{2f}[\mathrm{m}]$ 大きくなるごとに気柱が共鳴して，大きな音が聞こえる。$m＝1,\ 3,\ 5,\ \cdots\cdots$ とすると，f と L の間には，

$$f＝\frac{mV}{4L}$$

の関係がある。

問・類題のガイド

教科書 p.170 問 1　遠くで打ち上げられた花火の光を見てから，花火の音を聞くまでの時間が 4.6 秒であった。気温を 25℃ とすると，花火までの距離は何 km か。

ポイント　空気中の音速 $V＝331.5＋0.6t$

解き方　気温 25℃ での空気中の音速を $V[\mathrm{m/s}]$ とすると，

$$V＝(331.5＋0.6×25)\,\mathrm{m/s}＝346.5\,\mathrm{m/s}$$

花火の光を見てから，花火の音を聞くまで 4.6 秒だったので，花火までの距離を $L[\mathrm{m}]$ とすると，「$x＝vt$」より，

$$L＝346.5\,\mathrm{m/s}×4.6\,\mathrm{s}≒1.6×10^3\,\mathrm{m}＝1.6\,\mathrm{km}$$

読解力UP↑
光は音に比べてかなり速いので，花火の光は瞬間的に届いたものとする。

答 1.6 km

教科書 **p.170**

問 2

振動数 450 Hz の音が，20℃の部屋から 5.0℃の室外に出るとき，波長は何 cm 変化するか。ただし，振動数は変化しないものとする。

ポイント 波の速さ $v = f\lambda$

解き方 部屋の中での音速と波長を V_1〔m/s〕，λ_1〔m〕，室外の音速と波長を V_2〔m/s〕，λ_2〔m〕とすると，「$v = f\lambda$」より，

$$V_1 = (331.5 + 0.6 \times 20)\,\text{m/s} = 343.5\,\text{m/s}, \quad \lambda_1 = \frac{343.5\,\text{m/s}}{450\,\text{Hz}} \fallingdotseq 0.763\,\text{m}$$

$$V_2 = (331.5 + 0.6 \times 5.0)\,\text{m/s} = 334.5\,\text{m/s}, \quad \lambda_2 = \frac{334.5\,\text{m/s}}{450\,\text{Hz}} \fallingdotseq 0.743\,\text{m}$$

波長の変化は，$\lambda_2 - \lambda_1 = 0.743\,\text{m} - 0.763\,\text{m} = -0.020\,\text{m} = -2.0\,\text{cm}$

答 2.0 cm だけ短くなる

教科書 **p.171**

問 3

人の可聴音は，空気中の波長にすると，およそ何 m から何 m の範囲になるか。ただし，空気中の音速を 340 m/s とする。

ポイント 波の速さ $v = f\lambda$

解き方 人の可聴音の振動数は，およそ 20 Hz〜20000 Hz である。振動数 20 Hz の音波の波長を λ_1〔m〕とすると，「$v = f\lambda$」より，

$$\lambda_1 = \frac{340\,\text{m/s}}{20\,\text{Hz}} = 17\,\text{m}$$

振動数 20000 Hz の音波の波長を λ_2〔m〕とすると，「$v = f\lambda$」より，

$$\lambda_2 = \frac{340\,\text{m/s}}{20000\,\text{Hz}} = 1.7 \times 10^{-2}\,\text{m}$$

よって，1.7×10^{-2} m から 17 m の範囲である。

答 1.7×10^{-2} m から 17 m の範囲

教科書 p.173 問 4

振動数 500 Hz のおんさ A と，振動数のわからないおんさ B を同時に鳴らしたところ，1 s あたり 2 回のうなりが聞こえた。また，振動数 505 Hz のおんさ C とおんさ B を同時に鳴らしたところ，1 s あたり 3 回のうなりが聞こえた。おんさ B の振動数は何 Hz か。

ポイント ┃ 1 s 間のうなりの回数　$N = |f_1 - f_2|$

解き方 ┃ おんさ B の振動数を f_B〔Hz〕とすると，

$$|f_B - 500\ \text{Hz}| = 2\ \text{Hz} \quad \cdots\cdots ①$$

$$|505\ \text{Hz} - f_B| = 3\ \text{Hz} \quad \cdots\cdots ②$$

式①，②より，$f_B = 502\ \text{Hz}$

答 502 Hz

読解力 UP↑

「1 s 間に 2 回のうなり」のとき，おんさ A とおんさ B の振動数の差は 2 Hz。

教科書 p.177 類題 1

振動数 500 Hz のおんさ A の腕を図のように弦につけて，おんさ A を振動させたところ，CD 間に 3 倍振動の定在波が生じた。このとき，CD 間の長さは $L = 1.20\ \text{m}$ であった。

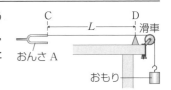

(1) 弦を伝わる横波の速さは何 m/s か。

　次に，おんさ A を振動数のわからないおんさ B に取りかえて，他は同じ条件で振動させたところ，CD 間に 2 倍振動の定在波が生じた。

(2) おんさ B の振動数は何 Hz か。

(3) (2)でおもりを取りかえたところ，CD 間に 3 倍振動の定在波が生じた。弦を伝わる横波の速さは何倍になったか。

ポイント ┃ 波の速さ　$v = f\lambda$

解き方 (1)　3 倍振動での弦を伝わる波の波長を λ_3〔m〕とすると，

$$\lambda_3 = \frac{2L}{3} = \frac{2 \times 1.20\ \text{m}}{3} = 0.80\ \text{m}$$

弦を伝わる横波の速さを v〔m/s〕とすると，

「$v = f\lambda$」より，

$$v = 500\ \text{Hz} \times 0.80\ \text{m} = 400\ \text{m/s}$$

(2) 2倍振動での弦を伝わる波の波長を λ_2〔m〕とすると，

$$\lambda_2 = L = 1.20 \text{ m}$$

おんさBの振動数を f_B〔Hz〕とすると，「$v = f\lambda$」より，

$$f_B = \frac{400 \text{ m/s}}{1.20 \text{ m}} = \frac{1000}{3} \text{ Hz} ≒ 333 \text{ Hz}$$

> **思考力UP↑**
> おもりを変えなければ，弦を伝わる横波の速さは変わらない。

(3) 弦を伝わる横波の速さを v'〔m/s〕とすると，「$v = f\lambda$」より，

$$v' = f_B\lambda_3 = \frac{1000}{3} \text{ Hz} \times 0.80 \text{ m} = \frac{800}{3} \text{ m/s}$$

よって，$\dfrac{v'}{v} = \dfrac{800}{3} \text{ m/s} ÷ 400 \text{ m/s} = \dfrac{2}{3}$〔倍〕

答(1) **400 m/s**　(2) **333 Hz**　(3) $\dfrac{2}{3}$ **倍**

教科書 p.182
類題2

右の図は，閉管の気柱に生じた定在波の様子を変位で表している。(a)，(b)の管の長さは，それぞれ L〔m〕および $2L$〔m〕であり，(a)の気柱に生じた定在波の振動数は 500 Hz であった。音速は 340 m/s で，(a)，(b)ともに，開口端補正は無視できるものとする。

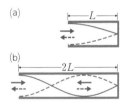

(1) (a)の閉管の長さ L は何mか。

(2) (a)と同じ長さの開管の場合，基本振動数は何 Hz か。

(3) (b)の気柱に生じた定在波が図のようであるとき，振動数は何 Hz か。

(4) 気温の上昇によって，(a)，(b)の気柱に生じる定在波の振動数は大きくなるか，小さくなるか。ただし，管の長さは気温によって変化しないものとする。

ポイント　波の速さ　$v = f\lambda$

解き方(1) 音波の波長を λ〔m〕とすると，

「$v = f\lambda$」より，

$$\lambda = \frac{340 \text{ m/s}}{500 \text{ Hz}} = 0.680 \text{ m}$$

L は $\dfrac{1}{4}$ 波長分の長さなので，

> **読解力UP↑**
> 「開口端補正が無視できる」とき，閉管の長さは基本振動の波長の $\dfrac{1}{4}$ 倍。

$$L = \frac{\lambda}{4} = \frac{0.680 \text{ m}}{4} = 0.170 \text{ m}$$

(2) (a)と同じ長さの開管において，基本振動の音波の波長を $\lambda_1 \text{[m]}$ とすると，L は基本振動の $\frac{1}{2}$ 波長分の長さなので，

$$\lambda_1 = 2L = 2 \times 0.170 \text{ m} = 0.340 \text{ m}$$

基本振動数を $f_1 \text{[Hz]}$ とすると，「$v = f\lambda$」より，

$$f_1 = \frac{340 \text{ m/s}}{0.340 \text{ m}} = 1000 \text{ Hz}$$

(3) (b)の閉管では 3 倍振動が生じている。音波の波長を $\lambda_3' \text{[m]}$ とすると，

$$2L = \frac{3}{4}\lambda_3'$$

よって，$\lambda_3' = \frac{4}{3} \times 2L = \frac{4}{3} \times 2 \times 0.170 \text{ m} = \frac{1.36}{3} \text{ m}$

このときの音波の振動数を $f_3' \text{[Hz]}$ とすると，「$v = f\lambda$」より，

$$340 \text{ m/s} = f_3'\lambda_3'$$

よって，$f_3' = \dfrac{340 \text{ m/s}}{\dfrac{1.36}{3} \text{ m}} = 750 \text{ Hz}$

(4) 管の長さが変わらないので，共鳴するときの音波の波長は変化しない。また，気温の上昇によって，音速は大きくなる。したがって，「$v = f\lambda$」より，共鳴するときの振動数は大きくなる。

答(1) **0.170 m**　　(2) **1000 Hz**　　(3) **750 Hz**　　(4) **大きくなる**

章末問題のガイド

教科書 p.184

❶ 音の反射

関連：教科書 p.169

崖に向かって 10.0 m/s の速さで進んでいる船が汽笛を鳴らしたところ，4.00 s 後に船の上で崖で反射した音を聞いた。この反射音を聞いた位置から崖までの距離は何 m か。ただし，空気中の音速を 340 m/s とする。

ポイント 音は船の速さに関係なく，一定の速さで進む。音がはね返ってくるまでに，船は崖に向かって進んでいる。

解き方 4.00 s 間に 10.0 m/s×4.00 s 船は進み，340 m/s×4.00 s 音は進む。反射音を聞いた位置から崖までの距離を L〔m〕とする。

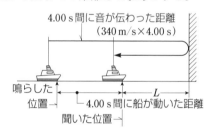

図より，340 m/s×4.00 s−10.0 m/s×4.00 s＝2L

よって，L＝660 m＝$6.60×10^2$ m

答 $6.60×10^2$ m

❷ 音の性質

関連：教科書 p.170～172

次の ▢ の中に，適切な語句や数値を入れよ。

(1) 耳で聞く音の高さにはいろいろな違いがあり，音波の振動数が ① いほど音が高い。また，振動数が同じとき，音波の ② が大きいほど音が大きい。ところで，同じ高さの音でも楽器によって音色が異なるのは，音波の ③ が違うからである。

(2) 振動数が少しだけ異なるおんさ A，B を同時に鳴らすと，音の大きさが周期的に変化して聞こえた。この現象を ④ という。おんさ A の振動数が 400 Hz のとき，5 秒間に 10 回の ④ が聞こえた。また，おんさ B に輪ゴムを巻きつけて，おんさ A と B を同時に鳴らすと，6 秒間に 9 回の ④ が聞こえた。この結果から，初めのおんさ B の振動数は ⑤ Hz とわかる。

ポイント (1) 音の三要素(高さ，大きさ，音色)に関係する物理量を考える。

(2) 1 s あたりのうなりの回数は，2 つの音の振動数の差に等しい。おんさに輪ゴムを巻きつけると質量が増えて振動の周期が長くなり，振動数(1 s あたりの振動の回数)は小さくなる。

解き方 (1) 振動数が大きい音ほど高い音であり，振動数が小さい音ほど低い音である。また，音の大きさの違いは，振動数が同じならば，主に音波の振幅の違いに関係し，振幅が大きいほど音が大きい。音の高さが同じでも，音波の波形が違うと，音の感じ方(音色)が異なる。

(2) Bの振動数を f_B〔Hz〕とすると，

$$| 400\,\text{Hz} - f_B | = \frac{10}{5}$$

よって，$400\,\text{Hz} - f_B = \pm\dfrac{10}{5}$ より，

$f_B = 402\,\text{Hz}$ または $398\,\text{Hz}$

読解力UP↑
「5 秒間に 10 回」のうなりを 1 秒間に換算する。

Bに輪ゴムを巻きつけると質量が増えて振動の周期が長くなり，振動数は小さくなる。この振動数を $f_B{}'$〔Hz〕とすると，

$$| 400\,\text{Hz} - f_B{}' | = \frac{9}{6}$$

よって，$400\,\text{Hz} - f_B{}' = \pm\dfrac{9}{6}$ より，

$f_B{}' = 401.5\,\text{Hz}$ または $398.5\,\text{Hz}$

$f_B{}'$ は，f_B より少し小さい値であるから，$f_B = 402\,\text{Hz}$ である。

読解力UP↑
「おんさBに輪ゴムを巻きつけ」たとき，おんさBの振動数は小さくなる。

答 (1)① 大き ② 振幅 ③ 波形 (2)④ うなり ⑤ 402

❸ 弦の振動

関連：教科書 **p.177** 例題 **1**

図のように，ある振動数のおんさに一様な糸の一端をつけ，滑車を通して他端におもりをつるした。おんさを振動させたところ，XY 間に腹が 2 個の定在波ができた。糸を伝わる横波の速さを v，XY 間の長さを L として，次の問いに答えよ。

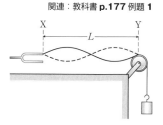

(1) 定在波の振動数を求めよ。

(2) XY 間の長さを $\frac{3}{2}L$ にしておんさを振動させた。このときの糸を伝わる横波の波長を求めよ。また，そのときにできる定在波の腹の数は何個か。

(3) XY 間の長さを L に戻し，おもりの質量を変えておんさを振動させたところ，腹が 1 個の定在波ができた。このときの糸を伝わる横波の速さを求めよ。

ポイント 定在波の様子（腹の数）から，糸を伝わる横波の波長がわかる。
XY 間の長さを変えても，糸を伝わる横波の速さは変わらない。
おもりの質量を変えると，糸の張力が変化して横波の速さが変化する。

解き方 (1) 問題の図から横波の波長 λ は，$\lambda=\dfrac{L}{2}\times2=L$ である。定在波の振動数を f とすると，横波の速さ v は「$v=f\lambda$」より，

$$v=f\times L \qquad よって，f=\frac{v}{L}$$

(2) XY 間の長さを変えても，波長は変わらず L である。XY 間を $\frac{3}{2}L$ にすると，

思考力 UP↑
波の速さと振動数が変わらなければ，波長も変わらない。

$$\frac{3}{2}L-L=\frac{L}{2}=\frac{\lambda}{2}$$

だけ長くなるから，定在波の腹は 1 個多くなり，3 個になる。

(3) このときの横波の波長 λ' は，$L=\dfrac{\lambda'}{2}$ より，$\lambda'=2L$ である。また，振動数は f のままである。横波の速さ v' は「$v=f\lambda$」より，

$$v'=f\lambda'=\frac{v}{L}\times2L=2v$$

答 (1) $\dfrac{v}{L}$ (2) 波長…L，腹の数…3 個   (3) $2v$

❹ 気柱の振動

関連：教科書 p.182 例題 2

　図のように，ガラス管にピストンを取り
つけ，ピストンを自由に動かすことができ
るようにする。管口近くにスピーカーを置
き，振動数が 440 Hz の音を出し続ける。

　ピストンを管の左端から右へ動かしていくとき，$L=18.0$ cm のところで最初
の共鳴が起こり，$L=56.9$ cm のところで 2 回目の共鳴が起こった。次の問いに
答えよ。

(1)　ガラス管内を伝わっている音波の波長は何 cm か。

(2)　このときの音速は何 m/s か。

(3)　2 回目の共鳴が起こっているとき，管内の空気の密度が時間的に最も大きく
　　変化しているところは，管口から何 cm のところか。

ポイント　最初の共鳴では閉管の基本音，2 回目の共鳴では 3 倍音。横波のように
　　　　　　表した基本音，3 倍音の図を描いて，音波の波長を求める。
　　　　　　共鳴が起こっているとき，空気の密度変化が最も大きいのは，定在波の
　　　　　　節の位置である。

解き方　(1)　音波の波長を λ〔m〕とすると，右図よ
　　　　　　　り，

$$\frac{\lambda}{2}=56.9 \text{ cm}-18.0 \text{ cm}$$

　　　　　　よって，$\lambda=77.8$ cm

　　　(2)　音速を V〔m/s〕とすると，「$v=f\lambda$」，
　　　　　　77.8 cm $=0.778$ m より，

$$V=440 \text{ Hz}\times0.778 \text{ m}≒3.42\times10^2 \text{ m/s}$$

　　　(3)　空気の密度が最も大きく変化しているのは，定在波の節である。2 回
　　　　　　目の共鳴が起こっているとき，節は管口から 18.0 cm，56.9 cm のとこ
　　　　　　ろである。

答　(1)　**77.8 cm**　　(2)　$\mathbf{3.42\times10^2}$ **m/s**　　(3)　**18.0 cm，56.9 cm のところ**

第4部 電気と磁気

第1章 静電気と電流

教科書の整理

❶ 静電気

教科書 p.186〜189

A 静電気

①**摩擦電気** 摩擦によって生じた電気。

②**静電気** 物体にたまったままで静止している電気。

③**電気力(静電気力)** 静電気どうしの間にはたらく力。同種の電気は互いに反発し合い,異種の電気は互いに引き合う。

④**電界(電場)** 電気力がはたらく空間には電界(電場)があるという。

⑤**帯電** 物体が電気をもつこと。毛皮でこすったエボナイト棒に帯電する電気を負の電気と定める。

⑥**帯電体** 帯電している物体。

⑦ 発展 **電気力線** 正の電気にはたらく電気力の向きに沿って引いた曲線。

B 電荷と電気量

①**電荷** 帯電体がもつ電気,またはその量のこと。

②**電気量** 電荷の量のこと。電気量の単位にはクーロン(C)を用いる。

C 電子

①**電子** 原子を構成する負の電荷をもつ粒子。電気現象は電子など電荷をもった粒子の移動によるものである。物体どうしを摩擦したとき,電子を失ったほうが正に,電子を得たほうが負に帯電する。

D 導体・不導体・半導体

①**導体と不導体(絶縁体,誘電体)** 電気をよく通すものを導体,ほとんど通さないものを不導体という。不導体のことを,絶縁体,または誘電体ともいう。

> **もっと詳しく**
> 20世紀初めに原子の構造が解明され,その後,陽子と中性子からなる原子核があり,その周りに電子が存在することがわかった。

②**自由電子** 導体の代表である金属の結晶中では，電子のうちいくつかが原子から離れ，結晶中を自由に動き回る。このような電子を自由電子という。

③**半導体** 電気の通しやすさが導体と不導体の中間程度の物質。

② 電 流
教科書 **p.190〜200**

A 電流と電圧

①**電流** 電荷が物体中を移動すると電流になる。電流の強さは，ある断面を単位時間に通過する電気量で定める。電流の単位にはアンペア(A)を用いる。ある断面を時間 t〔s〕の間に q〔C〕の電気量が通過したとき，$1\,A=1\,C/s$ であり，電流の強さ I〔A〕は，

■ **重要公式 2-1**
$$I=\frac{q}{t}$$

②**電流の向き** 正の電荷が移動する向き。

③**電圧** 電流を流そうとするはたらきと定める。電圧の単位にはボルト(V)を用いる。

④**自由電子の移動と電流** 金属の導体の断面積を S〔m²〕，単位体積あたりの自由電子の個数を n〔個/m³〕，自由電子の電気量を $-e$〔C〕，自由電子が平均の速さ v〔m/s〕で移動しているとき，電流の強さ I〔A〕は，

■ **重要公式 2-2**
$$I=enSv$$

B 電気抵抗

①**オームの法則と電気抵抗** 導体にかかる電圧 V〔V〕と流れる電流の強さ I〔A〕の間には，比例関係がある。この関係を**オームの法則**という。

■ **重要公式 2-3**
$$V=RI$$

②**電気抵抗** オームの法則の比例定数 R は，電流の流れにくさを示す量で，電気抵抗(抵抗)とよばれる。電気抵抗の単位にはオーム(Ω)を用いる。$1\,\Omega=1\,V/A$ である。

教科書の整理 第1章

テストに出る
$1\,C$ は，$1\,A$ の電流が流れている導体の，ある断面を $1\,s$ 間に通過する電気量の大きさに等しい。$1\,C=1\,A\times1\,s$ である。

⚠ ここに注意
金属を流れる電流の担い手は負の電荷をもつ自由電子なので，電流の向きと自由電子が移動する向きは反対。

教科書の整理　第1章

③**抵抗率**　電気抵抗 R〔Ω〕は，物体の長さ L〔m〕に比例し，断面積 S〔m^2〕に反比例して，次式で表される。ρ〔Ω·m〕は抵抗率とよばれ，物質の種類によって異なる値をもつ。

■ **重要公式 2-4**
$$R = \rho \frac{L}{S}$$

もっと詳しく

温度を上げると，金属の結晶中の陽イオンの熱運動が激しくなり，より自由電子の動きを妨げるようになるので，電気抵抗は大きくなる。

C **抵抗の接続**

①**合成抵抗**　複数の抵抗（R_1〔Ω〕，R_2〔Ω〕）を組み合わせて接続したときの全体の抵抗値を合成抵抗 R〔Ω〕という。

②**直列接続**　複数の抵抗を直列に接続したもの。各抵抗を流れる電流が同じである。

③**並列接続**　複数の抵抗を並列に接続したもの。各抵抗にかかる電圧が同じである。

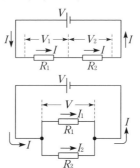

■ **重要公式 2-5**
直列接続の合成抵抗　$R = R_1 + R_2$

並列接続の合成抵抗　$\dfrac{1}{R} = \dfrac{1}{R_1} + \dfrac{1}{R_2}$

テストに出る

一般に，複数の抵抗を直列接続したとき，合成抵抗は個々の抵抗値の和となる。並列接続したとき，合成抵抗の逆数は個々の抵抗値の逆数の和となる。

D **電力と電流の熱作用**

①**電力**　単位時間あたりに電源が供給する電気エネルギー。電力の単位にはワット（W）を用いる。

抵抗値 R〔Ω〕の抵抗に電圧 V〔V〕をかけたとき，抵抗を流れる電流が I〔A〕とすると，電源が供給した電力 P〔W〕は，

■ **重要公式 2-6**
$$P = VI = RI^2 = \frac{V^2}{R}$$

②**消費電力**　抵抗に限らず，電気器具が単位時間あたりに他のエネルギーに変える電気エネルギー。

③**電流の熱作用**　抵抗で，電気エネルギーが熱エネルギーに変換されること。

④**ジュール熱** 電流の熱作用によって発生する熱。電源が抵抗に $P[W]$ の電力を $t[s]$ だけ送ったとき，発生するジュール熱 $Q[J]$ は，

■ **重要公式 2-7** ───────────

$$Q = Pt = VIt = RI^2 t = \frac{V^2}{R} t$$

⑤**電力量** 電源が供給した電気エネルギー。電源が $P[W]$ の電力を $t[s]$ だけ供給したとき，電力量 $Q[J]$ は，

■ **重要公式 2-8** ───────────

$$Q = Pt$$

■ **テストに出る**

1kW の電力を 1 時間使ったときの電力量を 1 キロワット時（kWh）という。

1 kWh
$= 3.6 \times 10^6$ J

探究・やってみようのガイド

教科書 **p.187** やってみよう **静電気の正負**

ガイド 同種の電気どうしは反発し合い，異種の電気は引き合う。ティッシュペーパーでこすったストロー A，B は負に，プラスチック消しゴムでこすったストロー C は正に，ティッシュペーパーでこすったポリ塩化ビニル棒は負に，ポリエチレンの袋でこすったアクリル棒は正に帯電する。

そのため，A（負）と B（負）は反発し合う。A（負）と C（正）は引き合う。A（負）とティッシュペーパーでこすった塩化ビニル棒（負）は反発し合う。A（負）とポリエチレンの袋でこすったアクリル棒（正）は引き合う。

教科書 **p.194** 探究 **5. 導体の長さや断面積による電気抵抗の違い**

ガイド |**方法**| 直径 0.2 mm のニクロム線が 1 本の場合について測定する。ニクロム線が 2 本，3 本，4 本の場合も，同様に測定する。

|**考察**| ① ニクロム線の長さを横軸に，抵抗値を縦軸にとってグラフを描く。グラフはほぼ原点を通る直線になるので，長さと抵抗値は比例することがわかる。

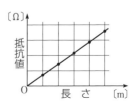

2 ニクロム線の断面の半径を r とすると，断面積は πr^2 である。同じ長さ（例えば50 cm）の4つのニクロム線について，横軸に断面積の逆数を，縦軸に50 cmの場合の抵抗値をとってグラフを描く。グラフはほぼ原点を通る直線になるので，断面積の逆数と抵抗値は比例することがわかる。

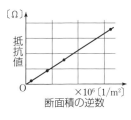

問・類題のガイド

教科書 p.190 問 1

針金のある断面を1.0分間に12Cの電気量が通過したとき，電流の強さは何Aか。

ポイント 電流の強さ $I = \dfrac{q}{t}$

解き方 1.0分＝60 s だから，求める電流の強さを I〔A〕とすると「$I = \dfrac{q}{t}$」より，

$$I = \frac{12\ \text{C}}{60\ \text{s}} = 0.20\ \text{A}$$

答 0.20 A

教科書 p.191 問 2

断面積 1.0 mm² の銅線に強さ8.5 Aの電流を流したとき，自由電子が銅線中を正極（＋極）に向かって移動する速さは何 mm/s か。ただし，体積1 mm³ の銅に含まれる自由電子の個数を 8.5×10^{19} 個，自由電子のもつ電気量を -1.6×10^{-19} C とし，自由電子はすべて等しい速さで移動するものとする。

ポイント 導体を流れる電流 $I = enSv$

解き方 自由電子が移動する速さを v〔mm/s〕とすると，$I = 8.5$ A，$e = 1.6 \times 10^{-19}$ C，$n = 8.5 \times 10^{19}$ 個/mm³，$S = 1.0$ mm² だから，「$I = enSv$」より，

$$v = \frac{I}{enS} = \frac{8.5\ \text{A}}{1.6 \times 10^{-19}\ \text{C} \times 8.5 \times 10^{19}\ \text{個/mm}^3 \times 1.0\ \text{mm}^2}$$

$$= 0.625\ \text{mm/s} \fallingdotseq 0.63\ \text{mm/s}$$

答 0.63 mm/s

教科書 p.192
問 3

ある導線の両端に 4.5 V の電圧をかけたところ，0.30 A の電流が流れた。この導線の電気抵抗は何 Ω か。

ポイント

オームの法則　$V = RI$

解き方　求める電気抵抗を R〔Ω〕とすると，「$V = RI$」より，

$$R = \frac{4.5\,\text{V}}{0.30\,\text{A}} = 15\,\Omega$$

答 15 Ω

教科書 p.196
問 4

断面の直径が 0.20 mm，抵抗率が 1.1×10^{-6} Ω·m のニクロム線を使って，10 Ω の電気抵抗をもつ導線を作る。このとき，ニクロム線は何 m 必要か。

ポイント

抵抗率　$R = \rho\dfrac{L}{S}$

解き方　ニクロム線の電気抵抗を R〔Ω〕，抵抗率を ρ〔Ω·m〕，断面積を S〔m²〕，

必要なニクロム線の長さを L〔m〕とすると，「$R = \rho\dfrac{L}{S}$」より，

$$L = \frac{RS}{\rho} = \frac{10\,\Omega \times \pi \times (0.10 \times 10^{-3}\,\text{m})^2}{1.1 \times 10^{-6}\,\Omega\cdot\text{m}} = 0.285\cdots\text{m} \fallingdotseq 0.29\,\text{m}$$

答 0.29 m

教科書 p.197
問 5

右図で，点 P を流れる電流の強さが 2.0 A のとき，AB 間の電圧と合成抵抗を求めよ。

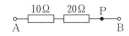

ポイント

各抵抗について，それぞれオームの法則を適用する。

解き方　オームの法則より，電圧は，

10 Ω × 2.0 A ＋ 20 Ω × 2.0 A ＝ 60 V

抵抗の直列接続だから合成抵抗は，10 Ω ＋ 20 Ω ＝ 30 Ω

答 電圧…60 V，合成抵抗…30 Ω

問・類題のガイド　第１章

教科書
p.198

問 6

(1), (2)で, 点 P を流れる電流の強さがいずれも 2.0 A のとき, AB 間の電圧と合成抵抗を求めよ。

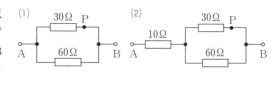

ポイント 各抵抗について, それぞれオームの法則を適用する。

解き方 (1) AB 間の電圧を V〔V〕とすると, 30 Ω の抵抗にかかる電圧に等しいので, 「$V=RI$」より,

$V=30\ \Omega\times2.0\ A=60\ V$

抵抗の並列接続だから, 合成抵抗を R〔Ω〕とすると,

$\dfrac{1}{30\ \Omega}+\dfrac{1}{60\ \Omega}=\dfrac{1}{R}$　　よって, $R=20\ \Omega$

(2) 30 Ω の抵抗にかかる電圧は(1)と同じで 60 V。したがって, 60 Ω の抵抗に流れる電流は, $\dfrac{60\ V}{60\ \Omega}=1.0\ A$ である。

よって, 10 Ω の抵抗を流れる電流は,

$2.0\ A+1.0\ A=3.0\ A$

10 Ω の抵抗にかかる電圧は,

$10\ \Omega\times3.0\ A=30\ V$

以上より, AB 間の電圧は,

$30\ V+60\ V=90\ V$

合成抵抗は, (1)の結果を使って,

$10\ \Omega+20\ \Omega=30\ \Omega$

または, オームの法則より,

$\dfrac{90\ V}{3.0\ A}=30\ \Omega$

答(1)　電圧…**60 V**, 合成抵抗…**20 Ω**　　　(2)　電圧…**90 V**, 合成抵抗…**30 Ω**

教科書 p.200
類題 1

　例題 1 の電熱線を，元の 80 ％の長さに切って，100 V の電圧をかけた。次の問いに有効数字 2 桁で答えよ。

(1)　電熱線の抵抗は何 Ω になるか。

(2)　電熱線には何 A の電流が流れるか。

(3)　このときの電熱線の消費電力は何 W になるか。

(4)　例題 1 の(3)と同じようにして水をあたためたとき，かかる時間は元の何倍になるか。

ポイント

> **同じように水をあたためたとき，電熱線で発生するジュール熱は等しい。**

解き方 (1)　抵抗値を R'〔Ω〕とすると，抵抗は長さに比例するので，
$$R' = 25\ \Omega \times 0.80 = 20\ \Omega$$

(2)　流れる電流を I'〔A〕とすると，オームの法則「$V = RI$」より，
$$I' = \frac{100\ \text{V}}{20\ \Omega} = 5.0\ \text{A}$$

(3)　消費電力を P'〔W〕とすると「$P = VI$」より，
$$P' = 100\ \text{V} \times 5.0\ \text{A} = 500\ \text{W} = 5.0 \times 10^2\ \text{W}$$

(4)　同じようにして水をあたためたので，発生したジュール熱は例題 1 の(3)と等しい。
かかる時間を t'〔s〕とすると，
$$400\text{W} \times t \times 0.70 = 500\text{W} \times t' \times 0.70$$
$$t' = \frac{400\ \text{W}}{500\ \text{W}} \times t = 0.80t$$

よって，0.80 倍になる。

思考力 UP↑

消費電力が
$$\frac{500\ \text{W}}{400\ \text{W}} = 1.25 〔倍〕$$
になるので，かかる時間は短くなる。

答 (1)　20 Ω　　(2)　5.0 A　　(3)　5.0 × 10² W　　(4)　0.80 倍

章末問題のガイド 第1章

章末問題のガイド

教科書 p.201

❶ 抵抗の接続

関連：教科書 p.196〜198

太さが一様な2本の金属棒 A，B があ
る。A，B の材質は同じだが，A の断面
積は B の3倍，A の長さは B の $\frac{1}{3}$ 倍で
ある。図のように，A，B を並列接続し
たものを，1.3 Ω の抵抗と 6.0 V の電池
に接続したところ，電流計には 1.5 A の

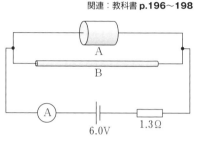

電流が流れた。A，B の抵抗値はそれぞれいくらか。ただし，電流計にかかる電
圧は無視できるものとする。

ポイント 導体の抵抗は，長さに比例し，断面積に反比例する。

解き方 A，B の金属の抵抗率を ρ〔Ω·m〕，A の長さを L〔m〕とする。A の断面
積を S〔m²〕とすると，B の断面積は $\frac{S}{3}$〔m²〕と表される。A，B の抵抗値
をそれぞれ R_A〔Ω〕，R_B〔Ω〕とすると，

$$R_A = \rho \frac{L}{S} \qquad R_B = \rho \frac{3L}{\frac{S}{3}} = \frac{9\rho L}{S} = 9R_A$$

A と B とを並列に接続したときの合成抵抗を R〔Ω〕とすると，

$$\frac{1}{R} = \frac{1}{R_A} + \frac{1}{9R_A} = \frac{10}{9R_A} \qquad \text{よって，} R = \frac{9}{10}R_A$$

この抵抗と 1.3 Ω の抵抗と 6.0 V の電池を直列に接続したとき，1.5 A
の電流が流れたとして，

$$6.0\ \text{V} = \left(\frac{9}{10}R_A + 1.3\ \Omega\right) \times 1.5\ \text{A}$$

よって，$R_A = 3.0\ \Omega$

また，$R_B = 9R_A = 27\ \Omega$

答 A…3.0 Ω，B…27 Ω

章末問題のガイド　第 1 章

❷ 電力とジュール熱

関連：教科書 p.200 例題 1

図のように，電圧 100 V の電源を抵抗 R とポンプ P に接続する。R の抵抗値が 15 Ω のとき，電圧計の読みが 70 V であった。電圧計に流れる電流や電流計にかかる電圧は無視できるものとして，次の問いに答えよ。

(1) 電流計に流れる電流の強さを求めよ。

(2) P で消費される電力のうち，70 ％が水を 2.5 m の高さにくみ上げる仕事に使われた。P が 1.0 分間にくみ上げる水の質量を求めよ。ただし，重力加速度の大きさを 9.8 m/s^2 とする。

(3) R で 1 分間に発生するジュール熱を求めよ。

ポイント　直列に接続された部分には同じ電流が流れる。

電力 $P = VI = RI^2 = \dfrac{V^2}{R}$，ジュール熱 $Q = VIt = RI^2 t = \dfrac{V^2}{R}t$

解き方　(1)　電流計に流れる電流の強さを I〔A〕とすると，抵抗 R にも I〔A〕の電流が流れる。R にかかる電圧は 100 V−70 V＝30 V なので，オームの法則より，

$$30\,\text{V} = 15\,\Omega \times I$$

よって，

$$I = 2.0\,\text{A}$$

(2)　ポンプ P での消費電力を P〔W〕とすると，

$$P = 70\,\text{V} \times 2.0\,\text{A} = 140\,\text{W}$$

P で消費される電力のうち，70 ％が仕事に使われるのだから，P が 1.0 分間(60 s)にくみ上げる水の質量を m〔kg〕とすると，

$$(140\,\text{W} \times 60\,\text{s}) \times 0.70 = m \times 9.8\,\text{m/s}^2 \times 2.5\,\text{m}$$

よって，

$$m = 240\,\text{kg} = 2.4 \times 10^2\,\text{kg}$$

(3)　R で 1 分間(60 s)に発生するジュール熱を Q〔J〕とすると，

$$Q = 15\,\Omega \times (2.0\,\text{A})^2 \times 60\,\text{s} = 3600\,\text{J} = 3.6 \times 10^3\,\text{J}$$

答　(1)　**2.0 A**　　(2)　**2.4×10^2 kg**　　(3)　**3.6×10^3 J**

章末問題のガイド　第1章

❸ 自由電子の動きとオームの法則

関連：教科書 p.190〜196

　　川を流れる水の速さは複雑な要因によって決まるが，おおむね川の傾き$\left(\text{図 i の }\dfrac{b}{a}\right)$に比例するものとする。電流を担う自由電子の場合も同様だと考えると，図 ii のように長さLの導体に電圧Vをかけた場合，川のモデルでいう川の傾き$\dfrac{b}{a}$は，図 ii では$\dfrac{V}{L}$に相当すると考えてよい。よって，自由電子が移動する速さvは，比例定数をkとして，$v=k\dfrac{V}{L}$と表されることになる。自由電子の電気量の絶対値をe，導体の単位体積あたりの自由電子の個数をn，導体の断面積をSとして，次の問いに答えよ。

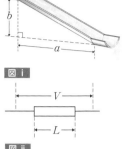

図 i

図 ii

(1) 図 ii の導体を流れる電流の強さIを，e，n，S，k，V，Lを用いて表せ。
(2) (1)の結果は，IとVが比例関係にあることから，オームの法則を表しているといえる。この導体の抵抗を，e，n，S，k，Lを用いて表せ。
(3) この導体の抵抗率を，e，n，kを用いて表せ。

ポイント　オームの法則より，VをIで表したときの比例定数がRになる。

解き方　(1)　「$I=enSv$」であり，題意より，$v=k\dfrac{V}{L}$なので，

$$I=enSv=\frac{enSkV}{L}$$

(2)　(1)より，$V=\dfrac{L}{enSk}I$

　　この導体の抵抗をRとすると，「$V=RI$」より，$R=\dfrac{L}{enSk}$

(3)　この導体の抵抗率をρとすると，$R=\rho\dfrac{L}{S}$

　　(2)と比較すると，$\rho=\dfrac{1}{enk}$

答　(1)　$\dfrac{enSkV}{L}$　　(2)　$\dfrac{L}{enSk}$　　(3)　$\dfrac{1}{enk}$

第2章　交流と電磁波

教科書の整理

① 電磁誘導と発電機　　　教科書 p.202〜206

A 磁界

①**磁石がつくる磁界**　磁石は鉄片などを引きつける。このとき
はたらく力を磁気力(磁力)といい，磁気力がはたらく空間に
は**磁界(磁場)**があるという。棒磁石の両端付近に磁気力が最
も強い場所があり，これを磁極という。磁界の向きは，磁石
のN極が受ける力の向きと定める。各点で磁界の向きに沿っ
て引いた曲線を**磁力線**という。

②**電流がつくる磁界**　導線に流れる電流がつくる磁界の向
きは，電流の向きに右ねじを進めるときに，ねじを回す
向きに一致する。これを**右ねじの法則**という。また，磁
界の強さは，電流が強いほど，また電流に近いほど強く
なる。

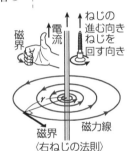

〈右ねじの法則〉

B 電流が磁界から受ける力

①**電流が磁界から受ける力**　磁界中を流れる電流は磁界から力
を受ける。モーターは，この力を利用している。
　　同じ磁界でも，電流の向きが逆になると，電流が磁界から
受ける力の向きも逆になる。

②**直流モーターのしくみ**　直流モーターでは，整流子を用いて，
同じ向きにコイルを回転させる力が磁界からはたらく。この
ようにして，コイルは同じ向きに回転し続ける。

③ 発展 **フレミングの左手の法則**　右図のように，左手の
中指を電流の向き，人さし指を磁界の向きに合わせたと
き，電流が磁界から受ける力の向きは親指の向きに一致
する。これをフレミングの左手の法則という。

〈フレミングの左手の法則〉

C 電磁誘導

①**電磁誘導**　コイルを貫く磁力線の数が変化するとき，コイル
に電圧が発生する。このような現象を電磁誘導といい，発生

した電圧を**誘導起動力**，コイルに流れる電流を**誘導電流**という。

② **発展 レンツの法則**　誘導電流は，誘導電流のつくる磁界がコイルを貫く磁力線の数の変化を妨げるような向きに流れる。この関係をレンツの法則という。

③**モーターと発電機**　直流モーターに抵抗を接続し，コイルに力を加えて回転させると，電磁誘導によって電流が流れる。その電流の向きは，整流子のはたらきにより変わらない。このような発電機を直流発電機という。

② 交流と電磁波　　　教科書 p.207〜213

A 交流

①**直流（DC）**　乾電池につないだ豆電球に流れる電流のように，向きが変わらない電流。

②**交流（AC）**　コンセントにつないだ電球に流れる電流のように，向きや強さが周期的に変動する電流。

③**実効値**　交流の電流や電圧の最大値の約 0.71 倍の値。

④**周波数**　交流で電圧や電流の変化が 1 s 間に繰り返す回数。周波数の単位には，波の振動数と同じヘルツ（Hz）を用いる。

⑤**交流発電機のしくみ**　交流発電機では，コイルを回転させると電磁誘導によって誘導起電力が発生し，誘導電流が流れる。

　　誘導電流にはコイルの運動を妨げる向きに磁界から力がはたらくので，コイルに力を加え続けて回転させる。

⑥**変圧器（トランス）**　交流の電圧を変える装置。変圧器の 1 次コイルの巻数を N_1〔回〕，1 次コイルに加える交流の電圧を V_1〔V〕，2 次コイルの巻数を N_2〔回〕，2 次コイルに生じる交流の電圧を V_2〔V〕とすると，

■ **重要公式 2-1**
$$V_1 : V_2 = N_1 : N_2$$

テストに出る

エネルギーや電力の損失がない変圧器では，$V_1 I_1 = V_2 I_2$ が成り立つ（I_1, I_2 は 1 次，2 次コイルに流れる電流の強さ）。

もっと詳しく
交流の電圧と電流に実効値を用いれば，交流電源に抵抗を接続したときの時間平均した電力は，直流と同様に計算して求められる。

もっと詳しく
交流発電機の交流の周期は，コイルの回転の周期と同じである。

B　電気エネルギーの利用

①**送電のしくみ**　発電所から送電線で家庭の電気器具に電気エネルギーを送る。発電所での電圧を V，電流を I（送電線から電気器具に流れる電流も I）とすると，発電所で発電した電力 P は $P=VI$ である。また，送電線の抵抗を r とすると，送電線の抵抗にかかる電圧 V' は，オームの法則より，$V'=rI$ であるから，送電線で熱となって損失する電力 p は，$p=V'I=rI^2=\dfrac{rP^2}{V^2}$ である。

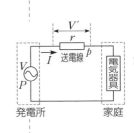

教科書の整理　第2章

> **テストに出る**
>
> 上式から，発電所の電力 P と送電線の抵抗 r が一定のとき，発電所を出るときの電圧 V を大きくするほど，送電線での電力損失 p は小さくなる。

②**整流**　交流を直流に変換するはたらき。整流に用いられるダイオードのように，一方向にしか電流を流さないものを整流素子という。

③**太陽光発電**　太陽電池を利用して太陽光から直流の電力を発電すること。太陽光発電は発電量が変動するため，蓄電池と組み合わせて利用することが多い。

C　電磁波の発見

①**電磁波**　電磁波は，磁界の振動が電界をつくり，電界の振動が磁界をつくることにより，電界と磁界が波となって空間を伝わっていくものである。電磁波の速さを c〔m/s〕，波長を λ〔m〕，周波数（振動数）を f〔Hz〕とすると，

■ **重要公式 2-2**
$$c=f\lambda$$

D　電磁波の種類とその利用

①**電磁波の利用**　電磁波は周波数（振動数）や波長が大きく変わると異なる性質を示す。周波数が大きいほど，多くの情報を運ぶことができ，直進する性質が強い。

　波長が長い（周波数が小さい）ものから順に，**電波**，**赤外線**，**可視光線**，**紫外線**，**X線**，**γ線**（ガンマ）に分類される。

やってみようのガイド

教科書
p.206 やって
みよう **リニアモーターと直流発電**

① 手回し発電機のハンドルを回すとアルミニウム棒に電流が流れ，電流が磁界から力を受けるので，アルミニウム棒は動きはじめる。

② アルミニウム棒と銅管，増幅型検流計による回路を，磁石による磁界が貫いている。アルミニウム棒を手で動かすと，回路を貫く磁力線の数が変化するので誘導起電力が生じ，誘導電流が流れる。

問のガイド

教科書
p.204
問 1

図4で，電流の向き，または磁界の向きを逆にすると，モーターの回る向きはそれぞれどうなるか。

ポイント 電流または磁界の向きを逆にすると，力の向きも逆になる。

解き方 電流の向きを逆にすると，電流が磁界から受ける力の向きが逆になる。また，磁界の向きを逆にしても，電流が磁界から受ける力の向きが逆になる。いずれの場合も，モーターの回る向きは逆になる。

答 いずれの場合も逆向きになる。

教科書
p.205
問 2

図のように，棒磁石のS極をコイルに近づけたとき，誘導電流は図のaの向きに流れた。次の(1)〜(4)の場合，誘導電流はどちらの向きに流れるか。

(1) S極を遠ざける。　　(2) N極を近づける。

(3) N極を遠ざける。

(4) 固定したS極に，コイルを近づける。

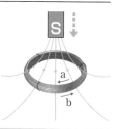

ポイント 磁界の向きや磁石を動かす向きを逆にすると，誘導電流の向きは逆になる。

解き方 (1)　S極を遠ざける場合，S極を近づける場合と誘導電流の向きは逆になる。つまり，誘導電流は図のbの向きに流れる。

(2)　N極を近づける場合，S極を近づける場合と誘導電流の向きは逆になる。つまり，誘導電流は図のbの向きに流れる。

(3)　N極を遠ざける場合，(1)のS極を遠ざける場合(あるいは(2)のN極を近づける場合)と誘導電流の向きは逆になる。つまり，誘導電流は図のaの向きに流れる。

(4)　固定したS極にコイルを近づける場合，S極をコイルに近づけるのと同じなので，(1)のS極を遠ざける場合と誘導電流の向きは逆になる。つまり，誘導電流は図のaの向きに流れる。

思考力UP↑
レンツの法則を用いると，初めの場合(S極を近づけたときの誘導電流の向き)がわからなくても，(1)～(3)の誘導電流の向きを考えることができる。

答 (1)　**bの向き**　　(2)　**bの向き**　　(3)　**aの向き**　　(4)　**aの向き**

問のガイド　第２章

教科書 p.206

問 3　手回し発電機は，ハンドルを回すことによって直流の電圧を発生させる。手回し発電機のリード線を(a)～(c)の図のように接続し，同じ速さでハンドルを回した。ハンドルを回す手ごたえが重いほうから順に並べよ。

手回し発電機　　ハンドル　　(a)豆電球　　(b)リード線どうし　　(c)不導体の棒

リード線

ポイント　電力　$P = \dfrac{V^2}{R}$

解き方　同じ速さでハンドルを回すと，手回し発電機で発生する電圧Vが等しい。「$P = \dfrac{V^2}{R}$」より，リード線の間の抵抗値Rが小さいほど，消費電力が大きくなり，ハンドルを回すときにする仕事も大きくなる。

リード線どうしを直接つないだときがいちばん抵抗は小さく，不導体をつないだときがいちばん抵抗は大きい。

思考力UP↑
ハンドルを回すときにした仕事が発電機の電力となるので，リード線の間の消費電力が大きいほどハンドルは回しにくくなる。

答 (b)→(a)→(c)

教科書 p.207
問 4

100 V，50 Hz の交流について，電圧の最大値と周期を求めよ。

ポイント

100 V の交流電圧は −141 V から 141 V の範囲で変動

周波数 f と周期 T は $f = \dfrac{1}{T}$ の関係

解き方 100 V の交流電圧の最大値は 141 V である。

また，周期を T〔s〕とすると，

$$T = \frac{1}{50\ \mathrm{Hz}} = 2.0 \times 10^{-2}\ \mathrm{s}$$

答 最大値…141 V，周期…2.0×10^{-2} s

教科書 p.209
問 5

1次コイルと2次コイルの巻数がそれぞれ 500 回と 200 回の変圧器がある。1次コイルを 60 Hz，100 V の交流電源に接続すると，0.20 A の電流が流れた。このときの，2次コイルの周波数，電圧の大きさと電流の強さを求めよ。

ポイント　**変圧器の電圧と巻数の関係　$V_1 : V_2 = N_1 : N_2$**

解き方　変圧器の1次コイルと2次コイルの周波数は等しいので，2次コイルの周波数は 60 Hz である。また，2次コイルに生じる電圧を V_2〔V〕，流れる電流を I_2〔A〕とすると，「$V_1 : V_2 = N_1 : N_2$」，「$V_1 I_1 = V_2 I_2$」より，

$$V_2 = \frac{N_2 V_1}{N_1} = \frac{200\ 回 \times 100\ \mathrm{V}}{500\ 回} = 40\ \mathrm{V}$$

$$I_2 = \frac{V_1 I_1}{V_2} = \frac{100\ \mathrm{V} \times 0.20\ \mathrm{A}}{40\ \mathrm{V}} = 0.50\ \mathrm{A}$$

答 周波数…60 Hz，電圧…40 V，電流…0.50 A

教科書
p.210
問 6

　発電所から一定の電力を送電する場合，送電する電圧を 10 倍にすると，送電線での電気エネルギーの損失は何倍になるか。

ポイント　送電線での電力損失　$p = \dfrac{rP^2}{V^2}$

解き方　送電線での電気エネルギーの損失は，発電所での電圧の 2 乗に反比例するから，電圧を 10 倍にすると，損失は $\dfrac{1}{10^2} = 0.010$ 倍になる。

答 0.010 倍

教科書
p.212
問 7

　波長 6.0×10^{-7} m の可視光線の周波数は何 Hz か。

ポイント　電磁波の波長と周波数の関係　$c = f\lambda$

解き方　周波数を f〔Hz〕とすると，光速 $c = 3.0 \times 10^8$ m/s なので，「$c = f\lambda$」より，

$$f = \frac{3.0 \times 10^8 \text{ m/s}}{6.0 \times 10^{-7} \text{ m}} = 5.0 \times 10^{14} \text{ Hz}$$

答 5.0×10^{14} Hz

章末問題のガイド

教科書 **p.214**

❶ 整流

関連：教科書 **p.211**

右の図のように，ダイオード4個を用いた回路を組み立てる。低周波発振器で交流を発生させ，抵抗の両端の電圧をオシロスコープで観察するとどのような波形になるか。縦軸に電圧 V，横軸に時刻 t をとったグラフを描け。

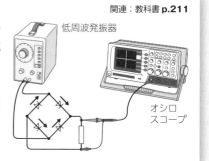

低周波発振器

オシロスコープ

ポイント ダイオードは図の矢印の向き（順方向）にのみ電流が流れる。

解き方 図のように，ダイオードD_1〜D_4，端子 A，B とする。ダイオードは問題の図の矢印の向きにしか電流が流れず，また電流は低電位から高電位には流れない。ダイオードの抵抗値は無視でき，ダイオードでの電圧降下が起こらないとする。

端子A側がB側より高電位のとき，抵抗とダイオードD_1，D_3には電流が流れ，ダイオードD_2，D_4には電流は流れない。

端子B側がA側より高電位のとき，抵抗とダイオードD_2，D_4には電流が流れ，ダイオードD_1，D_3には電流は流れない。

したがって，抵抗には同じ向きに電流が流れ，グラフは右下のようになる。

答 **解き方** の図参照

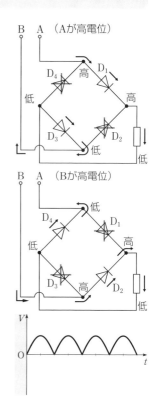

❷電磁波　　　　　　　　　　　　　　　　関連：教科書 **p.213**

次の ◻︎ の中に，適当な語句を入れよ。

電磁波は，電気的・磁気的な振動が ① となって空間を伝わるものであり，波長の長いものから順に，電波，② 線，③ 線，④ 線，⑤ 線，γ 線に分けられる。② 線は物体に吸収されて物体をあたためるという性質が強い。一般に光とよばれているのは ③ 線である。④ 線は殺菌灯に，物質への透過力が強い ⑤ 線は医学の診断に，細胞を破壊する作用がある γ 線はがんの治療にそれぞれ用いられている。

ポイント　電磁波の性質や用途は，波長（振動数）によって異なる。

解き方　電磁波は，電界と磁界が振動しながら空間を伝わる波である。波長（周波数）によって大まかに分類すると，波長の長いもの（周波数の小さいもの）から順に，

　　電波，赤外線，可視光線，紫外線，X 線，γ 線

である。赤外線は熱運動を激しくする性質が強く，紫外線は殺菌作用が強い。X 線は医療の検査で使われ，γ 線はがん治療に使われることもある。

答　① **波**　　② **赤外**　　③ **可視光**　　④ **紫外**　　⑤ **X**

第5部 物理と私たちの生活

第1章 エネルギーとその利用

教科書の整理

❶ 様々なエネルギーとその利用 　　教科書 p.218〜228

A エネルギーの変換と保存

①**エネルギーの変換と保存**　エネルギーの総量は増減せず保存
　されるが，エネルギーが別のエネルギーに変換されるときに，
　一部が熱などとして放出される。

　　エネルギーを変換するにつれて利用可能なエネルギーが減
　少するので，常にエネルギー資源を消費してエネルギーを取
　り出す必要がある。

B 利用するエネルギーの移り変わり

①**枯渇性エネルギー**　地球にある量が限られ，使用するとその
　分だけ減少するエネルギー資源。石油，石炭，天然ガス，ウ
　ランなど。

②**再生可能エネルギー**　使用してもなくなることがないエネル
　ギー資源。水力，風力，太陽光など。

③**一次エネルギー**　自然界に存在しているままのエネルギー資
　源。石油，石炭，天然ガス，ウランなど。

④**二次エネルギー**　一次エネルギーに手を加え，使いやすい形
　態にしたエネルギー。電気，ガソリン，灯油，都市ガスなど。

C 太陽光の利用

①**太陽定数**　太陽光線に対して垂直な面 1 m² あたりに太陽か
　ら地球にやってくる 1 秒あたりのエネルギー量。毎秒約
　$1.37 \, \mathrm{kW/m^2}$。

②**水力発電**　高いところにある水を落下させ，重力による位置
　エネルギーを利用して，発電機を回転させて発電する。

③**風力発電**　風のエネルギー（空気の運動エネルギー）を利用して，発電機を回転させて発電する。天候の影響を受けやすいが，安定して強い風が吹く地域では採算性が優れている。

④**太陽光発電**　太陽電池（光電池）は，太陽からの光エネルギーを直接電気エネルギーに変換する装置である。太陽光発電は太陽電池を用いて発電する。

D 化石燃料の利用

①**化石燃料**　太古の動植物の遺骸がもとになったエネルギー資源。石油，石炭，天然ガスなど。

②**火力発電**　化石燃料を燃焼させてつくった水蒸気で蒸気タービンを回し，発電機を回転させて発電する。

E 放射線

①**原子**　原子は，その中心にある 1 個の**原子核**と，その周りを運動する**電子**からできている。原子核は**中性子**と**陽子**からなり，陽子の数をその原子の**原子番号**，中性子と陽子の数の和をその原子の**質量数**という。

②**崩壊（壊変）**　原子核が自然に放射線を出し，別の原子核になること。原子核が自然に放射線を出す性質を**放射能**といい，放射能をもつ物質を**放射性物質**，放射能をもつ同位体を**放射性同位体（ラジオアイソトープ）**という。

③**放射線**　原子核の崩壊で放射される放射線には，

α 線…${}_2^4$He 原子核の流れ，電荷 $+2e$，電離作用大

β 線…高速の電子の流れ，電荷 $-e$

γ 線…電磁波，電荷 0，透過力大

がある。核分裂などの際に生じる中性子線（中性子の流れ）も放射線の一種である。

④**半減期**　崩壊せずに残っている原子核の数が初めの半分になるまでの時間。

■ 重要公式 1-1 発展

$$N = N_0 \left(\frac{1}{2}\right)^{\frac{t}{T}}$$

N：時間 t だけ経過したときに崩壊せずに残っている原子核数
N_0：初めの原子核の数　T：半減期

🐾もっと詳しく
原子番号が同じで質量数が異なる（中性子の数が異なる）原子を，互いに同位体（アイソトープ）という。

🐾もっと詳しく
e は電気素量を表す。電気素量は電子 1 個の電気量の大きさに等しい。

教科書の整理　第 1 章

⑤**放射線に関する単位**　ベクレル(Bq)は，1s間に崩壊する原子核の数で表した単位。放射性物質の放射能の強さを表す。グレイ(Gy)は，物質1kgあたりのエネルギー吸収量(吸収線量)で表した単位。物質が放射線を受けた影響の大きさを表す。シーベルト(Sv)は，吸収線量に放射線の種類による人体への影響を加味したもの(等価線量)で表した単位。

⑥**放射線の人体への影響**　人体への影響は，放射線を浴びた部位，量，期間によって異なる。また，人体への影響には，すぐに影響が現れる場合(急性障害)，潜伏期間を経てがんや白内障などが現れる場合(晩発障害)がある。

⑦**外部被曝・内部被曝**　人体の外部にある放射線源から放射線を浴びることを**外部被曝**，体内に取り込んだ放射性物質から放射線を浴びることを**内部被曝**という。

⑧**放射線の利用**　放射線は，医療(画像診断，がんの治療，器具の滅菌)，農業(品種改良)，食品保存(発芽の抑制)，工業(非破壊検査，高温鉄板の厚さ測定)などで利用されている。

F　原子力の利用

①**原子力**　原子核が複数の原子核に分裂することを**核分裂**といい，核分裂が連続的に起こる反応を**連鎖反応**という。また，複数の原子核が結びついて別の原子核ができることを**核融合**という。核分裂や核融合の際に放出される大きなエネルギーを，**原子力エネルギー(核エネルギー)**という。

②**原子力発電**　原子力発電では，連鎖反応の拡大を人為的に制御し，連鎖反応が一定の割合で継続している状態(**臨界**)にする。このときに発生する熱エネルギーを用いて水蒸気をつくり，火力発電と同じようにタービンを回して発電する。

③**原子力発電の安全性**　原子力発電には発電時に二酸化炭素を排出しないなどの長所があるが，核分裂によってできる原子核には放射能があり，炉心の制御不能による暴走や，冷却機能喪失による**炉心溶融(メルトダウン)**などの事故が起こると，放射性物質が外部に放出され，大きな被害が生じる可能性がある。

　また，使用済み核燃料の中には有害な放射性物質が蓄積さ

もっと詳しく

植物などに微量の放射性同位体を注入し，そこからの放射線を測定して生体内での物質のはたらきなどを調べることをトレーサー法という。

れている。これらを安全に長期間管理していく問題を抱えている。

実習のガイド

教科書
p.227
  実習 **1. 再生可能エネルギーに関する討論**

|方法| ①　水力，風力，太陽光，太陽熱，地熱など，自然現象を利用していて永続的に利用できるエネルギー資源が再生可能エネルギーである。

②　再生可能エネルギーの利点としては，永続的に利用できることに加えて，発電時に地球温暖化の一因とされる CO_2 の排出がないことや，CO_2 を排出しても CO_2 の総量が増えないことなどが挙げられる。

　一方，欠点としては，発電所を設置できる場所が限られるエネルギー資源や，発電が不安定なエネルギー資源があることが挙げられる。

教科書
p.228
  実習 **2. 放射線の性質**

|方法| ①　自然放射線（バックグラウンド）は，自然界にもともと存在している放射線である。実験用 γ 線源の γ 線は板などを透過すると弱くなるので，バックグラウンドの値を含めて

> **思考力UP↑**
> 自然放射線の測定値にはばらつきがあるので，測定を 10 回程度行って平均をとる。

測定したものでは誤差が相対的に大きくなってしまう。そのため，測定値からバックグラウンドの値を引く。

②〜③　実験用放射線源の放射線は弱いが，不必要な被曝を避けるように十分に注意する。

|考察| ①　図 i の実験から，同じ厚さのアクリル板，アルミニウム板，鉄板，鉛板の γ 線の吸収量を比較する。放射線測定器で測定した γ 線の量が大きいほどよく透過していて，吸収量は小さい。

　一般に，鉄や鉛などの重い物質は γ 線をよく吸収し，透過力を弱める。

②　図 ii の実験から，縦軸に放射線の強さ，横軸に実験用放射線源からの距離をとってグラフを描く。このグラフから，放射線の強さは距離の 2 乗に反比例していることがわかる。

問のガイド 第1章

🔍 **実習** **3. 原子力発電による事故と課題**

方法 ① 2011年に起こった福島第一原子力発電所の事故では，炉心溶融が発生し，原子炉内の放射性物質が発電所外部に放出された。

放出された放射性物質による外部被曝のリスクを避けるため，2022年時点において福島県内には帰宅困難区域が存在する。半減期が長いセシウムは，長期にわたる土壌汚染の原因となるため，除染作業が進められている。

問のガイド

教科書 p.221

問 1

地表に $1\ m^2$ あたり毎秒 $1.4 \times 10^3\ J$ の太陽のエネルギーがやってくるとして，変換効率 10% で表面積 $20\ m^2$ の太陽電池を太陽光線に垂直に設置すると，何Wの電力を発電できるか。

ポイント 地表にやってくる太陽のエネルギーは，太陽光線に対して垂直な面に $1.4 \times 10^3\ J/(m^2 \cdot s)$。
単位Wは単位 J/s と同じである。

解き方 太陽電池に $1.4 \times 10^3\ J/(m^2 \cdot s)$ の太陽のエネルギーがやってくる。そのうちの 10% が電気エネルギーに変換される。よって，

$$1.4 \times 10^3\ J/(s \cdot m^2) \times 0.10 \times 20\ m^2 = 2800\ J/s = 2.8 \times 10^3\ W$$

答 $2.8 \times 10^3\ W$

教科書 p.222

問 2

$^{235}_{92}U$ の陽子の数と中性子の数を求めよ。

ポイント 陽子の数＋中性子の数＝質量数

解き方 陽子の数は原子番号に等しいので，92。
陽子の数と中性子の数の和が質量数なので，中性子の数は，

$$235 - 92 = 143$$

答 陽子…92，中性子…143

章末問題のガイド

教科書 p.229

章末問題のガイド　第 1 章

❶ 太陽エネルギー

関連：教科書 p.220

太陽から宇宙空間に向けて放出されるエネルギーは，1.0 s 間に 3.8×10^{26} J である。太陽と地球との距離を 1.5×10^{11} m，地球の半径を 6.4×10^{6} m として，1.0 s 間に地球全体が受け取る太陽からのエネルギーは何 J か求めよ。

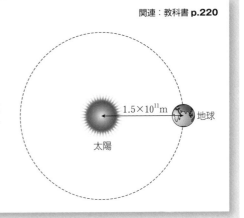

ポイント　地球の断面積に相当する面積で，太陽からのエネルギーを受ける。
太陽からのエネルギーは，半径 1.5×10^{11} m の球面に広がっている。

解き方　太陽から地球までの距離を半径とする球の表面積を S とすると，
$$S = 4\pi \times (1.5 \times 10^{11} \text{ m})^2$$
であり，その球の面が 1.0 s 間に 1.0 m^2 あたりに太陽から受け取るエネルギーを E とすると，
$$E = \frac{3.8 \times 10^{26} \text{ J}}{S} = \frac{3.8 \times 10^{26} \text{ J}}{4\pi \times (1.5 \times 10^{11} \text{ m})^2}$$
地球が太陽からのエネルギーを受け取る面の面積を S' とすると，
$$S' = \pi \times (6.4 \times 10^{6} \text{ m})^2$$
であるから，地球全体が 1.0 s 間に受け取る太陽からのエネルギーを e とすると，
$$e = \frac{3.8 \times 10^{26} \text{ J}}{4\pi \times (1.5 \times 10^{11} \text{ m})^2} \times \pi \times (6.4 \times 10^{6} \text{ m})^2 \fallingdotseq 1.7 \times 10^{17} \text{ J}$$

答　1.7×10^{17} J

❷ 水力発電

関連：教科書 **p.220**

あるダムの水力発電所では，毎秒 $72\ \text{m}^3$ の水が落差 $545\ \text{m}$ を落下する。水のもっていた重力による位置エネルギーがすべて電気エネルギーに変換されるとすると，この発電所で発電される電力は何Wになるか求めよ。ただし，重力加速度の大きさを $9.8\ \text{m/s}^2$，水の密度を $1.0\times10^3\ \text{kg/m}^3$ とする。

ポイント 1 s あたりに，体積 $72\ \text{m}^3$ の水の重力による位置エネルギーがすべて電気エネルギーに変換される。

解き方 高さ $545\ \text{m}$ にある体積 $72\ \text{m}^3$ の水の重力による位置エネルギー $U\text{[J]}$ は，

$$U=(1.0\times10^3\ \text{kg/m}^3\times72\ \text{m}^3)\times9.8\ \text{m/s}^2\times545\ \text{m}$$

この $U\text{[J]}$ が $t=1\ \text{s}$ 間にすべて電気エネルギーに変換されるのだから，発電される電力を $P\text{[W]}$ とすると，

$$P=\frac{U}{t}=\frac{(1.0\times10^3\ \text{kg/m}^3\times72\ \text{m}^3)\times9.8\ \text{m/s}^2\times545\ \text{m}}{1\ \text{s}}$$

$$=3.84\cdots\times10^8\ \text{W}\fallingdotseq3.8\times10^8\ \text{W}$$

答 $3.8\times10^8\ \text{W}$

❸ 放射線

関連：教科書 **p.222～223**

次の □ の中に適切な語句を入れよ。

原子核の中には，自然に崩壊して別の原子核に変わり，そのときに放射線を出すものがある。この放射線を出す性質を ① といい，この性質をもった物質を ② という。原子核の崩壊で出る放射線には，ヘリウム原子核の流れである ③ ，高速の電子の流れである ④ ，高エネルギーの電磁波である ⑤ がある。この中で，透過力の最も大きいものは ⑥ ，電離作用が最も大きいものは ⑦ である。また，核分裂などの際に出てくる ⑧ は，電気的に中性できわめて透過力の大きな放射線である。

ポイント α 線はヘリウム原子核の流れで，電離作用が強い。β 線は高速の電子の流れである。γ 線は電磁波で，透過力が強い。

解き方 原子核が自然に放射線を出して別の原子核に変わることを崩壊といい，原子核が放射線を出す性質を放射能という。

答 ① 放射能　② 放射性物質　③ α 線　④ β 線
⑤ γ 線　⑥ γ 線　⑦ α 線　⑧ 中性子線

❹ 原子力

関連：教科書 p.226

石油 1.0 kg を燃やすと 4.2×10^7 J のエネルギーが得られるとして，次の問いに答えよ。

(1) 1.0 g のウラン 235 (^{235}U) がすべて核分裂したときに得られるエネルギーは 8.2×10^{10} J である。石油を燃やしてこれと同じ量のエネルギーを得るには，何 kg の石油が必要か。

(2) 太陽の中心部で起こっている核融合では，1.0 g の水素の原子核から 6.5×10^{11} J のエネルギーが放出される。石油を燃やしてこれと同じ量のエネルギーを得るには，何 kg の石油が必要か。

ポイント 石油 x〔kg〕から得られるエネルギーは，$x\times4.2\times10^7$ J/kg と表される。

解き方 (1) 求める石油の質量を x_1〔kg〕とすると，
$$8.2\times10^{10}\,\text{J}=x_1\times4.2\times10^7\,\text{J/kg}$$
よって，$x_1≒2.0\times10^3$ kg

(2) 求める石油の質量を x_2〔kg〕とすると，
$$6.5\times10^{11}\,\text{J}=x_2\times4.2\times10^7\,\text{J/kg}$$
よって，$x_2≒1.5\times10^4$ kg

答 (1) 2.0×10^3 kg　　(2) 1.5×10^4 kg

思考力UP↑

核融合によって1.0 g の水素の原子核から得られるエネルギーは，1.5×10^4 kg の石油を燃やして得られるエネルギーに等しい。

第2章 物理学が拓く世界

教科書の整理

医療 見えないものを見る
教科書 p.230～231

A 超音波検査

①**超音波画像診断装置** 体内に超音波を送って，反射波から体内の様子を画像化する装置。超音波検査は，人体に対する影響が少ない。

B X線撮影

①**X線** X線は可視光線を通さない物質も透過し，物質を透過するときに，物質の種類によって吸収量が異なる。この性質を生かして，骨折の診断や胃がん，肺結核の早期発見などに利用されている。

工学 組み合わされる技術
教科書 p.232～233

A 気象衛星 －可視光線と赤外線－

①**気象衛星「ひまわり」** 可視光線と赤外線で地球を観測する。

B 電子機器 －振動モーターと各種センサー－

①**振動モーター** スマートフォンやゲーム機などのバイブレーション機能は，モーターの重心と回転軸をずらすことで，回転する際の振動によって情報を伝える。

②**各種センサー** 機器を持つ人の手の動きを検知するセンサーには，おもりの慣性を利用した加速度センサーや傾きを検知するジャイロセンサーが用いられていることがある。

C 自動運転 －より高度な技術を目指して－

①**カーナビゲーション** 現在位置や速度の把握には全球測位衛星システム(GNSS)と車載センサーが併用されている。

力学 巨大な橋を支える物理学
教科書 p.234～235

A 板状の橋の力学

①**板状の橋の構造** 板を渡しただけの橋ではたわみが大きくなると崩壊するため，川幅が広い場合は橋脚を多くしている。

> **もっと詳しく**
>
> 「ひまわり」の可視光線による観測では，太陽光が当たる昼の地球の様子が見られ，赤外線による観測では，可視光線では見えない夜間の雲の様子も見られる。

B 石造アーチ橋の力学

①**石造アーチ橋の構造** 石造アーチ橋は，橋にかかる下向きの力を，石を圧縮する向きの力に分散させることで，崩れない構造となっている。

C つり橋の力学

①**つり橋の構造** 主塔間の距離が長いつり橋では，主塔を高くしてメインケーブルのたるみを大きくすることで，メインケーブルを水平方向に引く力の大きさを小さくしている。

防災 地震から建造物を守る技術　　教科書 p.236〜237

A 耐震，制振，免震

①**地震から建物を守る技術** 骨組みを頑丈にしたり(耐震)，建造物の揺れのエネルギーをダンパーで吸収したり(制振)，建物の最下部などにゆっくり揺れる仕組みを取り入れたりして(免震)，建造物を地震から守っている。

B 東京スカイツリーの構造

①**心柱制振機構** 東京スカイツリーは心柱制振機構とよばれる装置で，地震による揺れを最大で半分程度にまで抑える。

やってみようのガイド

教科書 p.236　やってみよう　**ビルの固有振動**

ガイド

　　静止した状態から台紙を手で揺する速さを大きくしていく(振動数を0から大きくしていく)と，まず，固有振動数の小さい長方形の厚紙だけが共振して大きく振動するようになる。

　　一般に，高い長方形の厚紙ほど固有振動数は小さい(周期は大きい)。そのため，揺する速さが小さい(振動数が小さい)ときには固有振動数が小さい高い長方形の厚紙だけが共振して大きく振動し，揺する速さを大きくする(振動数を大きくする)と，固有振動数が大きい低い長方形の厚紙だけが共振して大きく振動するようになる。なお，周期は振動数の逆数であるから，高い長方形の厚紙ほど，大きな周期でゆっくり振動しやすいということもできる。

教科書の整理 発展

発展 剛体のつり合い

教科書の整理

A 力のモーメント

①**剛体** 大きさはあるが，いくら力を加えても変形しない理想的な物体。

②**力の作用点と作用線** 力が作用する点を力の**作用点**といい，力の作用点を通って力と同じ方向の直線を力の**作用線**という。力の作用線上で力の作用点を移動させても，力が物体に与える影響は同じである。

③**力のモーメント** 力の大きさFと回転軸Oから力の作用線までの距離（うでの長さ）hの積のこと。力のモーメントは，物体を回転軸Oのまわりに左回り（反時計回り）に回転させるときを正とすることが多い。

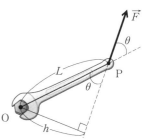

■ **重要公式 1-1**

$M = Fh = FL\sin\theta$

M〔N·m〕：力のモーメント

L〔m〕：点Oから作用点までの距離

θ〔°〕：点Oと作用点を結ぶ直線と作用線のなす角

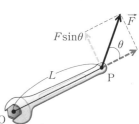

B 剛体のつり合い

①**並進運動，回転運動** 重心が移動する運動を**並進運動**，重心を軸として回転する運動を**回転運動**という。

②**剛体のつり合い** 並進運動も回転運動もしないとき，剛体はつり合っているという。剛体のつり合いの条件は，

■ **重要公式 1-2**

力のつり合い：$\vec{F_1} + \vec{F_2} + \vec{F_3} + \cdots\cdots = \vec{0}$

力のモーメントのつり合い：$M_1 + M_2 + M_3 + \cdots\cdots = 0$

$\vec{F_1}, \vec{F_2}, \vec{F_3}, \cdots$〔N〕：剛体にはたらく力

$M_1, M_2, M_3, \cdots$〔N/m〕：剛体の任意の点のまわりの

力のモーメント

C 剛体にはたらく力の合成

①平行でない2力の合成　力のベクトルの始点を一致させ，平行四辺形の法則を用いる。

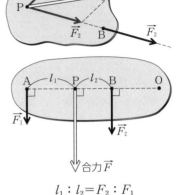

②平行で同じ向きの2力の合成　大きさは2力の大きさの和，向きは元の2力と同じ向きとなる。合力の作用線は，2力の作用点間を力の大きさの逆比に内分した点を通る。

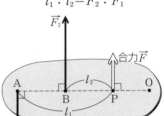

$$l_1 : l_2 = F_2 : F_1$$

③平行で逆向きの2力の合成　大きさは2力の大きさの差の絶対値，向きは大きいほうの力と同じ向きとなる。合力の作用線は，2力の作用点間を力の大きさの逆比に外分した点を通る。

$$l_1 : l_2 = F_2 : F_1$$

D 偶力

①偶力　作用点が同一直線上になく，平行で大きさの等しい逆向きの2力の組。偶力は合成できない。また，偶力は物体を回転させるはたらきはあるが，移動させるはたらきはない。

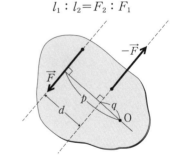

■ 重要公式 1-3

$M = Fd$

$M\,[\mathrm{N \cdot m}]$：偶力のモーメント

$F\,[\mathrm{N}]$：力の大きさ

$d\,[\mathrm{m}]$：作用線間の距離（偶力のうでの長さ）

E 重心

①**重心** 大きさのある物体にはたらく重力の合力の作用点。一様な棒は中点，一様な円板や球は中心が重心となる。

■ **重要公式 1-4**

$$x_G = \frac{m_1 x_1 + m_2 x_2 + m_3 x_3 + \cdots\cdots}{m_1 + m_2 + m_3 + \cdots\cdots}$$

$$y_G = \frac{m_1 y_1 + m_2 y_2 + m_3 y_3 + \cdots\cdots}{m_1 + m_2 + m_3 + \cdots\cdots}$$

x_G〔m〕：重心の x 座標　y_G〔m〕：重心の y 座標

m_1, m_2, m_3, …〔kg〕：物体の質量

x_1, x_2, x_3, …〔m〕：物体の x 座標

y_1, y_2, y_3, …〔m〕：物体の y 座標

F 物体が倒れない条件

①**物体が倒れない条件** 箱が倒れずに静止するのは，重力と垂直抗力の作用線が一致するときである。

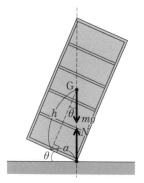

問のガイド

教科書
p.244

問 1　一様な材質でできたOを中心とする半径 r の円板から，O′を中心とする半径 $\dfrac{r}{2}$ の円板を切り取った。

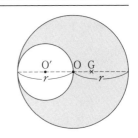

(1) 切り取った円板と，円板を切り取られた残りの部分との質量の比はいくらか。

(2) 切り取った円板と残りの部分を合わせたものの重心は，元の円板の重心の位置Oに一致する。残りの部分の重心Gの位置を求めよ。

ポイント　切り取った円板を元に戻すと，全体の重心は点Oになることから重心の公式を用いる。

解き方　(1)　一様なので，面積の比が質量の比に等しくなる。したがって，

$$\pi\left(\frac{r}{2}\right)^2 : \left\{\pi r^2 - \pi\left(\frac{r}{2}\right)^2\right\} = \frac{1}{4}\pi r^2 : \frac{3}{4}\pi r^2 = 1 : 3$$

(2)　切り取った円板の質量を m とし，点Oを原点，O → G を正の向きとして x 軸をとって，残りの部分の重心の x 座標を x とする。切り取った円板を元に戻すと，全体の重心の x 座標は 0，切り取った円板の重心の x 座標は $-\dfrac{r}{2}$ となるので，

$$0 = \frac{m\left(-\dfrac{r}{2}\right) + 3mx}{m + 3m}$$

ゆえに，$x = \dfrac{r}{6}$

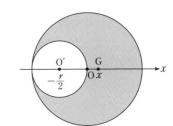

答 (1)　1 : 3　　(2)　$\mathrm{OG} = \dfrac{r}{6}$ となる点

発展問題のガイド

教科書 **p.245**

❶ 水平な棒のつり合い

関連：教科書 **p.239**

　長さ 1.0 m，質量 8.0 kg の一様な板 AB が，くさび形の支柱 C，D で図のように水平に支えられている。質量 4.0 kg のおもりを板の A 端に置く。その後，おもりを置く位置を B 端に向かってずらしていく。次

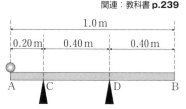

の問いに答えよ。ただし，重力加速度の大きさを $9.8\ \mathrm{m/s^2}$ とする。

(1)　おもりを A 端に置いたとき，板は静止していた。このとき，支柱 C，D が板に及ぼす力の大きさは，それぞれいくらか。

(2)　おもりを板上で A 端から距離 $x\,[\mathrm{m}]$ の位置に置いたとき，板は静止しているとする。このとき，支柱 C が板に及ぼす力の大きさはいくらか。

(3)　x をいくらより大きくすると，板は支柱 C から離れるか。

ポイント　支柱が及ぼす力の大きさが 0 より小さくなると，板は支柱から離れる。

解き方　(1)　支柱 C，D が板に及ぼす力の大きさをそれぞれ $N_\mathrm{C}\,[\mathrm{N}]$，$N_\mathrm{D}\,[\mathrm{N}]$ とする。支柱 D が支える点のまわりの力のモーメントのつり合いより，

$$4.0\ \mathrm{kg} \times 9.8\ \mathrm{m/s^2} \times 0.60\ \mathrm{m} - N_\mathrm{C} \times 0.40\ \mathrm{m}$$
$$+\,8.0\ \mathrm{kg} \times 9.8\ \mathrm{m/s^2} \times 0.10\ \mathrm{m} = 0$$

ゆえに，$N_\mathrm{C} = 78.4\ \mathrm{N} \fallingdotseq 78\ \mathrm{N}$

また，支柱 C が支える点のまわりの力のモーメントのつり合いより，

$$4.0\ \mathrm{kg} \times 9.8\ \mathrm{m/s^2} \times 0.20\ \mathrm{m} - 8.0\ \mathrm{kg} \times 9.8\ \mathrm{m/s^2} \times 0.30\ \mathrm{m}$$
$$+\,N_\mathrm{D} \times 0.40\ \mathrm{m} = 0$$

ゆえに，$N_\mathrm{D} = 39.2\ \mathrm{N} \fallingdotseq 39\ \mathrm{N}$

(2)　支柱 C が板に及ぼす力の大きさを $N_\mathrm{C}'\,[\mathrm{N}]$ とする。支柱 D が支える点のまわりの力のモーメントのつり合いより，

$$4.0\ \mathrm{kg} \times 9.8\ \mathrm{m/s^2} \times (0.60\ \mathrm{m} - x) - N_\mathrm{C}' \times 0.40\ \mathrm{m}$$
$$+\,8.0\ \mathrm{kg} \times 9.8\ \mathrm{m/s^2} \times 0.10\ \mathrm{m} = 0$$

ゆえに，$N_\mathrm{C}' = (8.0 - 10x) \times 9.8\ \mathrm{N}$

(3)　$N_\mathrm{C}' < 0$ のとき，板は支柱から離れるので，

$N_\mathrm{C}' = (8.0 - 10x) \times 9.8 < 0$　　ゆえに，$x > 0.80\ \mathrm{m}$

答　(1)　**C…78 N，D…39 N**　　(2)　$\boldsymbol{(8.0 - 10x) \times 9.8\ \mathbf{N}}$　　(3)　**0.80 m**

❷ 糸でつるした棒のつり合い

関連：教科書 p.240 例題 1

　質量 m，長さ L の一様な棒が，その一端に取りつけられた糸によって，天井からつるされている。この棒の下端に，水平右向きに大きさ F の力を加えたところ，図のような状態で静止した。次の問いに答えよ。ただし，重力加速度の大きさを g とする。

(1) 糸，および棒が鉛直線となす角をそれぞれ θ，φ とする。このとき，

$$\tan\varphi = 2\tan\theta$$

の関係が成り立つことを示せ。

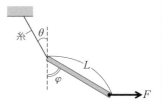

(2) $F = \dfrac{mg}{2}$ であるとき，糸の引く力の大き

さを m と g を用いて表せ。また，そのときの角 φ の大きさを求めよ。

ポイント　棒の力のつり合いと力のモーメントのつり合いの式を立てて，求める。

解き方　(1)　棒の左端のまわりの力のモーメントのつり合いより，

$$FL\cos\varphi - mg\frac{L}{2}\sin\varphi = 0 \qquad \text{ゆえに，} F = \frac{1}{2}mg\tan\varphi \quad \cdots\cdots①$$

　　また，糸の張力の大きさを T とすると，棒の水平方向と鉛直方向の力のつり合いより，

　　　　水平方向：$F - T\sin\theta = 0$　　$\cdots\cdots②$

　　　　鉛直方向：$T\cos\theta - mg = 0$　　$\cdots\cdots③$

　式②，③より，T を消去して，$F = mg\tan\theta$　$\cdots\cdots④$

　式①，④より，$\tan\varphi = 2\tan\theta$

(2)　式②，③より，$(T\sin\theta)^2 + (T\cos\theta)^2 = F^2 + (mg)^2$

　　ゆえに，$T = \sqrt{F^2 + (mg)^2} = \sqrt{\left(\dfrac{mg}{2}\right)^2 + (mg)^2} = \dfrac{\sqrt{5}}{2}mg$

　　また，$F = \dfrac{mg}{2}$ を式①に代入して mg を消去すると，

　　$\tan\varphi = 1$　　ゆえに，$\varphi = 45°$

答　(1)　**解き方**参照　　(2)　$\dfrac{\sqrt{5}}{2}mg$，$\varphi = 45°$

❸ 直方体が倒れない条件

関連：教科書 p.240 例題 1，p.244

　図のように，水平面上に置いた質量 m の一様な直方体の物体の右上の角に水平右向きの力を加え，その大きさ F をしだいに大きくしていく。物体と水平面との間の静止摩擦係数を μ として，次の問いに答えよ。ただし，重力加速度の大きさを g とする。

(1) 物体が静止しているとき，垂直抗力の作用点は点Oからいくらの距離にあるか。

(2) 物体が傾くより先にすべり出したとすれば，すべり出すのは F がどんな大きさを超えたときか。

(3) 物体がすべり出すより先に傾いたとすれば，傾くのは F がどんな大きさを超えたときか。

(4) 物体が傾くより先にすべり出す条件を示せ。

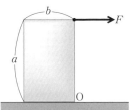

ポイント　すべり出す直前，水平面からは最大摩擦力がはたらく。

解き方　(1)　垂直抗力の大きさを N とすると，鉛直方向の力のつり合いより，

$$N - mg = 0 \quad \text{ゆえに，} \ N = mg \quad \cdots\cdots ①$$

　また，点Oから距離 x のところに垂直抗力の作用点があるとすると，点Oのまわりの力のモーメントのつり合いより，

$$mg\frac{b}{2} - Nx - Fa = 0 \quad \text{式①より，} \ x = \frac{b}{2} - \frac{Fa}{mg}$$

(2)　すべり出す直前，大きさ F の力は大きさ μN の最大摩擦力とつり合っているので，

$$F - \mu N = 0 \quad \text{ゆえに，} \ F = \mu N = \mu mg$$

(3)　(1)より，F が大きくなると x は小さくなる。すべらないまま $x < 0$ となると傾くので，

$$x = \frac{b}{2} - \frac{Fa}{mg} < 0 \quad \text{ゆえに，} \ F > \frac{bmg}{2a}$$

(4)　物体に最大摩擦力がはたらくときでも $x > 0$ であればよい。このとき，(2)より $F = \mu mg$ なので，(1)の結果に代入して，

$$x = \frac{b}{2} - \frac{\mu mga}{mg} = \frac{b}{2} - \mu a > 0 \quad \text{ゆえに，} \ \mu < \frac{b}{2a}$$

答 (1)　$\dfrac{b}{2} - \dfrac{Fa}{mg}$　　(2)　μmg　　(3)　$\dfrac{bmg}{2a}$　　(4)　$\mu < \dfrac{b}{2a}$

発展　正弦波を表す式

教科書の整理

①**媒質の変位の向き**　x 軸の正の向きに伝わる
正弦波において，ある時刻での媒質の変位 y
〔m〕と位置 x〔m〕との関係を表す y-x グラフ
を正弦波の伝わる向きにわずかに進めると，
媒質の動き（変位の向き）がわかる。

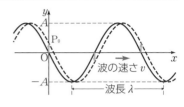

②**原点での単振動の式**　y-x グラフの原点Oを
中心に単振動する点 P_0 に着目して変位 y〔m〕
と時刻 t〔s〕との関係をグラフに表すと，y-t
グラフが得られる。振幅 A〔m〕，周期 T〔s〕の
とき，P_0 の単振動は，

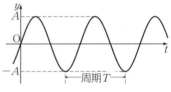

■ **重要公式 2-1**

$$y = A \sin \frac{2\pi}{T} t$$

③**任意の点での単振動**　時刻 t〔s〕における位置 x〔m〕での単振
動は，正弦波の伝わる速さを v〔m/s〕とすると，x 軸の正の

向きに伝わるとき，原点より時間 $\dfrac{x}{v}$〔s〕だけ遅れて振動する。

④**x 軸の正の向きに伝わる正弦波を表す式**　x 軸の正の向きに
伝わる正弦波は，原点 $O(x=0)$ の媒質が単振動の中心（原点
O）を y 軸の正の向きに通過する時刻を $t=0$ とすると，

■ **重要公式 2-2**

$$y = A \sin \frac{2\pi}{T}\left(t - \frac{x}{v}\right) = A \sin 2\pi\left(\frac{t}{T} - \frac{x}{\lambda}\right) \qquad \lambda\text{〔m〕：波長}$$

発展　## ドップラー効果

教科書の整理

A 音源が動く場合

①**音波の伝わる速さ**　音源が運動しても，音源から出た音波が媒質を伝わる速さ（音速）は変化しない。

②**音源の前方での音波の波長・振動数**　音速を V〔m/s〕，音源の振動数を f_s〔Hz〕，音源の速さを v_s〔m/s〕，音源の前方での音波の波長を λ_1〔m〕，音源の前方に静止している観測者が聞く音の振動数を f_1〔Hz〕とすると，

■ **重要公式 3-1**

$$\lambda_1 = \frac{V - v_s}{f_s}, \quad f_1 = \frac{V}{\lambda_1} = \frac{V}{V - v_s} f_s$$

③**音源の後方での音波の波長・振動数**　音源の後方での音波の波長を λ_2〔m〕，音源の後方に静止している観測者が聞く音の振動数を f_2〔Hz〕とすると，

■ **重要公式 3-2**

$$\lambda_2 = \frac{V + v_s}{f_s}, \quad f_2 = \frac{V}{\lambda_2} = \frac{V}{V + v_s} f_s$$

B 観測者が動く場合

①**音波の波長**　音源は静止しているので，音源から出る音波の波長は変わらない。

②**音源から遠ざかる観測者が観測する音波の振動数**　音源から出る音波の波長を λ〔m〕，観測者の速さを v_0〔m/s〕，観測者が聞く音の振動数を f_3〔Hz〕とすると，$\lambda = \dfrac{V}{f_s}$ より，

■ **重要公式 3-3**

$$f_3 = \frac{V - v_0}{\lambda} = \frac{V - v_0}{V} f_s$$

👀もっと詳しく

$f_1 > f_s$ より，音源が観測者に近づいているときは音源が静止しているときと比べて，高い音が聞こえる。

👀もっと詳しく

$f_2 < f_s$ より，音源が観測者から遠ざかっているときは音源が静止しているときと比べて，低い音が聞こえる。

👀もっと詳しく

$f_3 < f_s$ より，音源から遠ざかっている観測者は静止した観測者と比べて，低い音が聞こえる。

③**音源に近づく観測者が観測する音波の振動数**　観測者が聞く
音の振動数を f_4〔Hz〕とすると，

■ **重要公式 3-4**

$$f_4 = \frac{V + v_0}{\lambda} = \frac{V + v_0}{V} f_s$$

もっと詳しく

$f_4 > f_s$ より，
音源に近づ
いている観測者
は静止した観
測者と比べて，
高い音が聞こ
える。

C　音源と観測者の両方が動く場合

①**観測者が観測する音波の振動数**　音速を V〔m/s〕，音源の振
動数を f_s〔Hz〕，音波が伝わる向きを正として音源の速度を
v_s〔m/s〕，観測者の速度を v_0〔m/s〕，観測者が聞く音の振動
数を f_0〔Hz〕とすると，

■ **重要公式 3-5**

$$f_0 = \frac{V - v_0}{V - v_s} f_s$$

資料　巻末資料

問のガイド

教科書
p.251

問 1

次の量を $A \times 10^n$ の形で表せ。ただし，$1 \leq A < 10$ とする。

(1)　光が真空中を進む速さ　300 000 000 m/s

(2)　太陽と地球との距離　149 600 000 km

(3)　陽子の質量　0.000 000 000 000 000 000 000 000 001 673 kg

ポイント

$1 \leq A < 10$ としたとき，位が何桁あるかを考える。

解き方　(1)　300 000 000 m/s $= 3 \times 10^8$ m/s
　　　　　　　　　　　　　　　位が 8 桁ある

(2)　149 600 000 km $= 1.496 \times 10^8$ km
　　　　　　　　　　　　　位が 8 桁ある

(3)　0.000 000 000 000 000 000 000 000 001 673 kg $= 1.673 \times 10^{-27}$ kg
　　　　　　　　　　　　　　　　　　　　位が 27 桁ある

答(1)　3×10^8 **m/s**　　(2)　1.496×10^8 **km**　　(3)　1.673×10^{-27} **kg**

練習問題のガイド

練習1 三角関数の練習

教科書 p.262

◆ 三角比

次の直角三角形の $\sin\theta$, $\cos\theta$, $\tan\theta$ の値をそれぞれ求めよ。ただし，答えは分数のままでよく，平方根はそのままで答えてよい。なお，図に示しているのは，各辺の長さの比である。

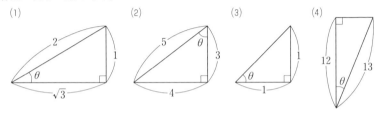

ポイント θ の位置から，**sin**，**cos**，**tan** はどの辺の比になるかを考える。

解き方

(1) 三角形の辺の比より，$\sin\theta=\dfrac{1}{2}$，$\cos\theta=\dfrac{\sqrt{3}}{2}$，$\tan\theta=\dfrac{1}{\sqrt{3}}$

(2) 三角形の辺の比より，$\sin\theta=\dfrac{4}{5}$，$\cos=\dfrac{3}{5}$，$\tan\theta=\dfrac{4}{3}$

(3) 三角形の辺の比より，$\sin\theta=\dfrac{1}{\sqrt{2}}$，$\cos\theta=\dfrac{1}{\sqrt{2}}$，$\tan\theta=1$

(4) 三角形の辺の比より，$\sin\theta=\dfrac{5}{13}$，$\cos\theta=\dfrac{12}{13}$，$\tan\theta=\dfrac{5}{12}$

答

(1) $\sin\theta=\dfrac{1}{2}$，$\cos\theta=\dfrac{\sqrt{3}}{2}$，$\tan\theta=\dfrac{1}{\sqrt{3}}$

(2) $\sin\theta=\dfrac{4}{5}$，$\cos\theta=\dfrac{3}{5}$，$\tan\theta=\dfrac{4}{3}$

(3) $\sin\theta=\dfrac{1}{\sqrt{2}}$，$\cos\theta=\dfrac{1}{\sqrt{2}}$，$\tan\theta=1$

(4) $\sin\theta=\dfrac{5}{13}$，$\cos\theta=\dfrac{12}{13}$，$\tan\theta=\dfrac{5}{12}$

❷ 三角関数

次の三角関数の値を求めよ。ただし，答えは分数のままでよく，平方根はそのままで答えてよい。

(1)　$\sin 30°$　　(2)　$\cos 45°$　　(3)　$\sin 60°$　　(4)　$\tan 60°$

(5)　$\cos 120°$　　(6)　$\sin 150°$　　(7)　$\cos 30°$　　(8)　$\cos 180°$

ポイント　三角形の辺の比，または単位円を用いる。

解き方　(1), (2), (3), (4), (7)　右図の三角形の辺の比より，

$$\sin 30° = \frac{1}{2}$$

$$\cos 45° = \frac{1}{\sqrt{2}}$$

$$\sin 60° = \frac{\sqrt{3}}{2}$$

$$\tan 60° = \sqrt{3}$$

$$\cos 30° = \frac{\sqrt{3}}{2}$$

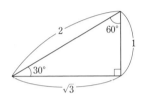

(5), (6), (8)　右図の単位円より，

$$\cos 120° = -\frac{1}{2}$$

$$\sin 150° = \frac{1}{2}$$

$$\cos 180° = -1$$

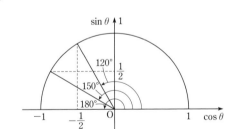

答　(1)　$\dfrac{1}{2}$　　(2)　$\dfrac{1}{\sqrt{2}}$　　(3)　$\dfrac{\sqrt{3}}{2}$　　(4)　$\sqrt{3}$

(5)　$-\dfrac{1}{2}$　　(6)　$\dfrac{1}{2}$　　(7)　$\dfrac{\sqrt{3}}{2}$　　(8)　-1

❸ **三角比の利用**

次の直角三角形の辺の長さ a は何 cm か。ただし，平方根はそのままで答えてよい。

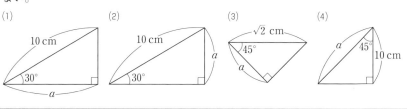

(1) 10 cm　30°　a

(2) 10 cm　30°　a

(3) $\sqrt{2}$ cm　45°　a

(4) a　45°　10 cm

ポイント　与えられた角の大きさから sin，cos，tan のうちのいずれかを用いる。

解き方

(1)　図より，$\cos 30° = \dfrac{a}{10\,\text{cm}} = \dfrac{\sqrt{3}}{2}$　ゆえに，$a = 5\sqrt{3}$ cm

(2)　図より，$\sin 30° = \dfrac{a}{10\,\text{cm}} = \dfrac{1}{2}$　ゆえに，$a = 5$ cm

(3)　図より，$\cos 45° = \dfrac{a}{\sqrt{2}\,\text{cm}} = \dfrac{1}{\sqrt{2}}$　ゆえに，$a = 1$ cm

(4)　図より，$\cos 45° = \dfrac{10\,\text{cm}}{a} = \dfrac{1}{\sqrt{2}}$　ゆえに，$a = 10\sqrt{2}$ cm

答　(1)　$5\sqrt{3}$ cm　(2)　**5 cm**　(3)　**1 cm**　(4)　$10\sqrt{2}$ cm

❹ **三角比の利用**

次の問いに答えよ。ただし，平方根はそのままで答えてよい。

(1)　水平面と $30°$ の傾きをなす坂道を，坂道に沿って 500 m 登った。水平方向に何m進んだか。また，鉛直方向に何m登ったか。

(2)　長さ 6 m のはしごを壁に立てかけたところ，地面とはしごとのなす角が $60°$ であった。はしごの先端は地面から何mの高さになるか。

ポイント　直角三角形を考えて，三角比を用いる。

解き方 (1) 水平方向に x [m]，鉛直方向に y [m]とすると，

$$\cos 30° = \frac{x}{500 \text{ m}} = \frac{\sqrt{3}}{2}$$

ゆえに，$x = 250\sqrt{3}$ m

$$\sin 30° = \frac{y}{500 \text{ m}} = \frac{1}{2}$$

ゆえに，$y = 250$ m

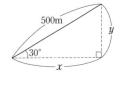

(2) はしごの先端が地面から x [m]の高さとすると，

$$\sin 60° = \frac{x}{6 \text{ m}} = \frac{\sqrt{3}}{2}$$

ゆえに，$x = 3\sqrt{3}$ m

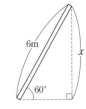

答 (1) 水平方向…$250\sqrt{3}$ m，鉛直方向…250 m

　　(2) $3\sqrt{3}$ m

---

⑤ 三角関数

$0° \leqq \theta \leqq 180°$ の範囲で，次の式を満たす θ を求めよ。

(1) $\sin\theta = \frac{\sqrt{3}}{2}$ 　　(2) $\cos\theta = -\frac{1}{\sqrt{2}}$ 　　(3) $\cos\theta = -1$ 　　(4) $\sin\theta = 1$

ポイント 単位円を用いて考える。

解き方 (1) 単位円より，

　　　　$\theta = 60°,\ 120°$

(2) 単位円より，$\theta = 135°$

(3) 単位円より，$\theta = 180°$

(4) 単位円より，$\theta = 90°$

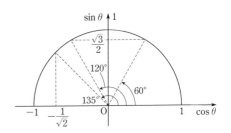

答 (1) $60°,\ 120°$ 　(2) $135°$ 　(3) $180°$ 　(4) $90°$

練習2 ベクトルの練習

教科書 p.263

◆ ベクトルの合成

次の 2 つのベクトル $\vec{a}$, $\vec{b}$ を合成せよ。

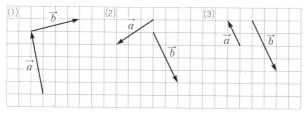

ポイント ベクトルの方向が異なるときは，平行四辺形の法則を用いる。

解き方

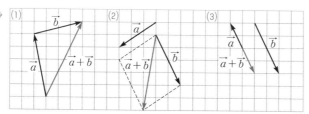

答 解き方 の図参照

② ベクトルの成分

次のベクトルの x 成分，y 成分をそれぞれ求めよ。ただし，図の 1 目盛りを 1 として，単位は考えなくてよく，平方根はそのままで答えてよい。

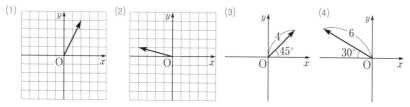

ポイント ベクトルの長さとなす角がわかるときは，三角比を用いる。

解き方 (1) 図より，$x=2$，$y=4$

(2) 図より，$x=-4$，$y=1$

(3) 図より，$x=4\cos45°=2\sqrt{2}$，$y=4\sin45°=2\sqrt{2}$

(4) 図より，$x=-6\cos30°=-3\sqrt{3}$，$y=6\sin30°=3$

答 (1) x成分…2，y成分…4　(2) x成分…-4，y成分…1

(3) x成分…$2\sqrt{2}$，y成分…$2\sqrt{2}$　(4) x成分…$-3\sqrt{3}$，y成分…3

---

③ 三角比とベクトル成分

物体に 10 N の力がはたらいている。x軸，y軸をそれぞれ次のようにとるとき，この力のx成分，y成分をそれぞれ求めよ。ただし，平方根はそのままで答えてよい。

(1)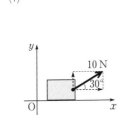

(2)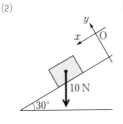

(3)

ポイント ベクトルをx方向，y方向に分解して，三角比を用いて表す。

解き方 力のx成分，y成分をそれぞれ F_x〔N〕，F_y〔N〕とする。

(1) $F_x=10\,\text{N}\times\cos30°=5\sqrt{3}$ N，$F_y=10\,\text{N}\times\sin30°=5$ N

(2) $F_x=10\,\text{N}\times\sin30°=5$ N，$F_y=10\,\text{N}\times(-\cos30°)=-5\sqrt{3}$ N

(3) $F_x=10\,\text{N}\times\sin30°=5$ N，$F_y=10\,\text{N}\times\cos30°=5\sqrt{3}$ N

答 (1) x成分…$5\sqrt{3}$ N，y成分…5 N

(2) x成分…5 N，y成分…$-5\sqrt{3}$ N

(3) x成分…5 N，y成分…$5\sqrt{3}$ N

啓林館版・物理基礎